U0395760

上海出版资金项目
Shanghai Publishing Funds

"科创之光"书系 (第一辑)

石墨烯
材料之"新宠"

上海科学院　上海产业技术研究院 组编
李　萍　邱汉迅　主编

上海科学普及出版社

图书在版编目(CIP)数据

石墨烯：材料之"新宠"/李萍，邱汉迅主编.—上
海：上海科学普及出版社，2018.1
（"科创之光"书系.第一辑/上海科学院，上海产业技术研究院组编）
ISBN 978-7-5427-7117-9

Ⅰ.①石… Ⅱ.①李… ②邱… Ⅲ.①石墨-纳米材
料 Ⅳ.①TB383

中国版本图书馆CIP数据核字（2017）第281877号

书系策划　张建德
责任编辑　王佩英
美术编辑　赵　斌
技术编辑　葛乃文

石墨烯

——材料之"新宠"

上海科学院　上海产业技术研究院　组编
李　萍　邱汉迅　主编
上海科学普及出版社出版发行
（上海中山北路832号　邮政编码200070）
http://www.pspsh.com

各地新华书店经销　苏州越洋印刷有限公司印刷
开本　787×1092　1/16　印张8　字数108 000
2018年1月第1版　2018年1月第1次印刷

ISBN 978-7-5427-7117-9　定价：32.00元

本书如有缺页、错装或坏损等严重质量问题
请向出版社联系调换

《"科创之光"书系(第一辑)》编委会

本书编委会

主　　编：李　萍　邱汉迅

编　　委（按姓氏笔画为序）
　　　　　于　伟　王宏志　李　萍
　　　　　吴海霞　邱汉迅　闵国全
　　　　　沈　军　张青红　陈　彧
　　　　　曹　辉　樊春海

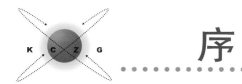

序

　　"苟日新，日日新，又日新。"这一简洁隽永的古语，展现了中华民族创新思想的源泉和精髓，揭示了中华民族不断追求创新的精神内涵，历久弥新。

　　站在 21 世纪新起点上的上海，肩负着深化改革、攻坚克难、不断推进社会主义现代化国际大都市建设的历史重任，承担着"加快向具有全球影响力的科技创新中心进军"的艰巨任务，比任何时候都需要创新尤其是科技创新的支撑。上海"十三五"规划纲要提出，到 2020 年，基本形成符合创新规律的制度环境，基本形成科技创新中心的支撑体系，基本形成"大众创业、万众创新"的发展格局。从而让"海纳百川、追求卓越、开明睿智、大气谦和"的城市精神得到全面弘扬；让尊重知识、崇尚科学、勇于创新的社会风尚进一步发扬光大。

　　2016 年 5 月 30 日，习近平总书记在"科技三会"上的讲话指出："科技创新、科学普及是实现创新发展的两翼，要把科学普及放在与科技创新同等重要的位置。没有全民科学素质普遍提高，就难以建立起宏大的高素质创新大军，难以实现科技成果快速转化。"习近平总书记的重要讲话精神对于推动我国科学普及事业的发展，意义十分重大。培养大众的创新意识，让科技创新的理念根植人心，普遍提高公众的科学素养，特别是培养和提高青少年科学素养，尤为重要。当前，科学技术发展日新月异，业已渗透到经济社会发展的各个领域，成为引领经济社会发展的强大引擎。同时，它又与人们的生活息息相关，极大地影响和改变着我们的生活和工作方式，体现出强烈的时代性特征。传播普及科学思想和最新科技成果是我们每一个科技人义不容辞的责任。《"科创之光"书系》的创意由此而萌发。

　　《"科创之光"书系》由上海科学院、上海产业技术研究院组织相关领域的专家学者组成作者队伍编写而成。本书系选取具有中国乃至国际最新和热点的科技项目与最新研究成果，以国际科技发展的视野，阐述相关技术、学科或项目的历史起源、发展现状和未来展望。书系注重科技前瞻性，文字内容突出科普性，以图文并茂的形式将深奥的最新科技创新成果浅显易懂地介绍给广大读者特别是青少年，引导和培养他们爱科学和探索科技新知识的兴趣，彰显科技创新给人类带来的福祉，为所有愿意探究、立志创新的读者提供有益的帮助。

　　愿"科创之光"照亮每一个热爱科学的人，砥砺他们奋勇攀登科学的高峰！

上海科学院院长、上海产业技术研究院院长

钮晓鸣

前 言

　　"石墨烯"的面世要追溯到 13 年以前。当时，英国曼彻斯特大学的安德烈·盖姆（Andre Geim）和康斯坦丁·诺沃肖洛夫（Kostantin Novoselov）两位物理学家通过实验首次成功地从石墨中分离出一种具有二维层状结构的材料——石墨烯，并证明了这种材料可以在空气中单独稳定存在，这不仅推翻了早期的"单分子层二维材料是无法单独稳定存在"的论断，而且开启了材料的一个崭新时代。石墨烯凭借其在光、电、热、力等方面的优异性能和广阔的应用前景吸引了全世界科学家的眼球，科学家们也因此开始了对石墨烯广泛而深入的研究。如今石墨烯已成为最火的明星材料，其知名度不断向产业界、甚至普通大众的生活中传播，与石墨烯相关的一切都拨动着众人的心弦，石墨烯正在多个领域掀起旋风，人们期待着它为人类带来一场新的生活方式的变革。

　　无论从书刊上，还是电视、网络等媒体上，我们经常会看到或听到有关石墨烯的新闻或信息，这表明石墨烯与我们的距离并不遥远，可以说它就在我们身边！可是人们还不知其详，不禁要问：什么是石墨烯？它具有怎样的特殊结构？拥有哪些无可比拟的优异性能？基于石墨烯材料的产品有哪些？它如何塑造我们的世界又会对我们的生活产生怎样的影响？等等。

为了解答大家的疑问及困惑，由不同专业领域的科学家带领大家用材料科学家的眼光，以全新的方式系统地认识这一被业界称为"时代新宠"的明星材料——石墨烯。本书以准确的知识和富有感染力的文字写就，极富可读性、趣味性与科学性，内容共分为四部分。第一部分（揭开石墨烯的神秘面纱），通过介绍石墨烯所属的碳氏家族成员，并阐明各成员之间的相互关系，逐渐揭开石墨烯的神秘面纱。第二部分（石墨烯的前世今生）不仅披露了石墨烯的发现过程，而且明晰了石墨烯的独特结构，还详细介绍了获取石墨烯的有效途径。第三部分（无与伦比的石墨烯）采用形象的比喻手法，深入剖析了石墨烯的多种优异性能（力学、电学、光学、热学等）。第四部分（无所不能的石墨烯）重点介绍了石墨烯在多个重要领域的应用，以及对人类生活方式可能的改变与影响，每一个应用示范构成一个完整的小故事，并辅以图片与知识小贴士加以说明。总之，本书通俗易懂，言简意赅。通过阅读本书，久存于心的疑惑将豁然开朗，大家对石墨烯的认识也将更上一层楼。

本书是编委会耗时近一年时间，经过查阅文献、组织专家编撰而成，凝聚了多个领域的专家、学者的智慧与心血。本书的编写素材由沈军、张青红、陈彧、吴海霞、于伟、曹辉、王志宏、樊春海、郭志红、吕敏、吴学玲和齐玉等专家提供，全书由李萍、邱汉迅进行统稿、修改、校核。

感谢上海产业技术研究院闵国全教授级高工、费立诚教授级高工和各位同事在本书编写过程中提供的指导和帮助。感谢上海科学院王伟琪以及上海科学普及出版社各位老师的辛勤工作。由于作者水平有限，对有些问题的理解不够深入，书中难免存在疏漏，欢迎广大读者批评指正。

希望本书对我国科普事业，尤其是"青少年（学生）科普"起到积极的促进作用，让广大科普爱好者，特别是青少年学生读到优质的科普图书。

编　者

2017 年 11 月

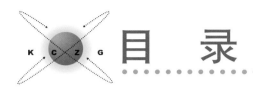

目 录

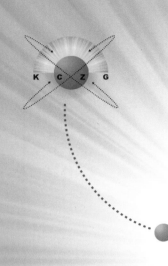

揭开石墨烯的
神秘面纱

2010年10月5日，瑞典皇家科学院宣布，将2010年诺贝尔物理学奖授予英国曼彻斯特大学科学家安德烈·盖姆（Andre Geim）和康斯坦丁·诺沃肖洛夫（Konstantin Novoselov），以表彰他们在石墨烯材料研究方面的卓越成就。自石墨烯被发现（2004年）至该研究被授予诺贝尔奖，只经过了短短的6年时间，这在科学史上是绝无仅有的。这是因为，在发现石墨烯以前，科学界的大多数主流凝聚态物理学家认为，任何完美的二维晶体结构无法在非绝对零度稳定存在。而石墨烯的发现改变了这一传统观点，因而立即震惊了整个科学界。

那么石墨烯究竟是什么呢？

石墨烯由碳原子以sp^2杂化结构连成的单原子层所构成，其基本结构单元为有机材料中最稳定的苯六元环结构。石墨烯可以看做是构建其他碳材料的母体，它的结构和性质与碳的其他同素异形体有极大的相关性和延续性。石墨烯作为目前发现的最薄、最坚硬、导电与导热性能最优良的一种新型纳米材料，具有重要的科学及应用价值，因此被称为"黑金"，是"新材料之王"，科学家甚至预言石墨烯将"彻底改变21世纪"。英国曼彻斯特大学副校长柯林·贝利（Colin Bailey）教授称："石墨烯有可能彻底改变目前众多的应用，从智能手机和超高速宽带到药物输送和计算机芯片。"

石墨烯是人类已知强度最高的物质，比钻石还坚硬，其强度比世界上最高的钢铁还要强100倍。美国哥伦比亚大学的物理学家对石墨烯的机械特性能进行了全面的研究。在试验过程中，研究人员选取了一些直径在10～20 μm的石墨烯微粒作为研究对象，他们先将这些石墨烯微粒放在一个表面钻有小孔的晶体薄板上，这些小孔的直径为1～1.5 μm。之后，研究人员用金刚石制成的探针对这些放置在薄板上的石墨烯施加压力，从而测得它们具有超常的承受能力。

石墨烯结构非常稳定，这源于构成石墨烯的碳原子之间具有很强的化学键相互作用，就像一群小朋友，手拉手团结在一起一样。不仅如此，碳-碳化学键也非常柔韧，当被施加外部机械力时，碳原子面就会弯曲变形，不会轻易断裂，从而使碳原子不必重新排列来适应外力，便能保持结构的稳定。

石墨烯这种稳定的晶格结构赋予了其优异的导电性。石墨烯中的电子沿着碳-碳化学键中的轨道移动时，不会因晶格缺陷或引入外来原子而发生散射。同时由于原子间作用力十分强，在常温下，即使周围碳原子发生挤撞，石墨烯中的电子受到的干扰也非常小。

中国是石墨资源大国，也是石墨烯研究和应用开发最活跃的国家之一。在 2016 年全国"两会"上，石墨烯产业的发展与应用也成为代表委员们关注的焦点。

关于石墨烯真正的价值和意义，可能还有待进一步探索，但把它誉为下一次工业革命的契机也不为过，最低程度讲，它也将引领全球经济、科技领域的革命。

如何认识石墨烯？就让我们从碳氏家族开始讲起。

材料界的豪门——碳氏家族

碳是一种非金属元素，位于元素周期表的第二周期ⅣA族。汉字"碳"字由木炭的"炭"字加石字旁构成，从"炭"字音。人类很早就和碳有了接触，碳可以说是人类接触到的最早的非金属元素之一，它在史前就已被人类发现并利用：炭黑和煤是人类最早使用碳的形式。在远古时代，闪电引燃木材，木材燃烧后残留下来木炭；动物被烧死以后，便剩下骨碳。总之，人类在学会了怎样引火以后，碳就成为人类永久的"伙伴"了，所以碳在古代就已经是被人知道的元素。发现碳的精确日期是不可能查清楚的，从法国的拉瓦锡（Antoine Laurent Lavoisier 1743～1794 年）1789 年编制的《元素表》中可以看出，碳首先是作为元素出现的。碳在古代的燃素理论的发展过程中起了重要的作用，唐代诗

人白居易的《卖炭翁》也证明了唐代人就已经具有用炭取暖的生活习惯。根据这种理论，碳在那时不是以一种元素的形式出现的，而是一种纯粹的燃素，由于研究煤和其他化学物质的燃烧，拉瓦锡首先指出碳是一种元素。

碳是一种很常见的化学元素，它以多种形式广泛存在于大气和地壳之中。碳元素能在化学上自我结合或与其他元素结合而形成大量化合物分子，其中含碳有机物，更是构成所有生命的根本。地球上绝大多数物质都含有碳元素，比如碳元素是构成生铁、熟铁和钢的成分之一；碳元素也是人体中重要的组成部分，约占人体总量的 18%；碳元素也是所有燃料以及化工产品的主要构成元素。碳的英文名称是 Carbon。碳元素的拉丁文名称 Carbonium 来自 Carbon 一词，就是"煤"的意思，它首次出现在 1787 年由拉瓦锡等人编著的《化学命名法》一书中。在 118 种化学元素中，碳非常特殊：除碳之外的 117 种元素，它们之间所形成的化合物只有几十万种。然而，碳的化合物却有 500 万种之多！

小知识

同素异形体，是指由同样的单一化学元素组成，因原子排列方式不同，而具有不同性质的单质。同素异形体之间的性质差异主要表现在物理性质上，化学性质上也有着活性的差异。例如磷的两种同素异形体，红磷和白磷，它们的燃烧点分别是 240℃ 和 40℃，但是充分燃烧之后的产物都是五氧化二磷；白磷有剧毒，可溶于二硫化碳，红磷无毒，却不溶于二硫化碳。同素异形体之间在一定条件下可以相互转化，这种转化是一种化学变化。

同素异形体的存在不是个别的孤立现象，而是非金属元素（也包括周期表上对角线附近的少数金属）的最外层电子数较多，成键方式多样的宏观反映。稀有气体元素由于原子结构的稳定性，氢及卤素由于成键方式的单一性，都难以形成同素异形体。

碳的存在形式是多种多样的，有晶态单质碳，如金刚石、石墨、富勒烯、碳纳米管、石墨烯等；有无定形碳，如煤、木炭、活性炭、炭黑等；有复杂的有机化合物，如动植物等。

碳在自然界中存在有多种同素异形体——金刚石、石墨、石墨烯、碳纳米管、富勒烯、六方晶系陨石钻石（蓝丝黛尔石）以及其他无定形碳等。单质碳的物理和化学性质取决于它的晶体结构。高硬度的金刚石和柔软滑腻的石墨晶体结构不同，各有各的外观、密度、熔点等。金刚石和石墨早已被人们所熟知，C_{60}（一种典型的富勒烯）是 1985 年由美国赖斯大学的科学家发现的，是迄今继金刚石和石墨之后发现的碳的第三种同素异形体。而在 1991 年发现的碳纳米管是由单一碳元素构成的具有管状结构的另一种新的同素异形体。2004 年石墨烯的出现，则进一步丰富了碳氏家族成员，使碳的同素异形体包含了从零维、一维、二维，乃至三维的碳晶体结构。

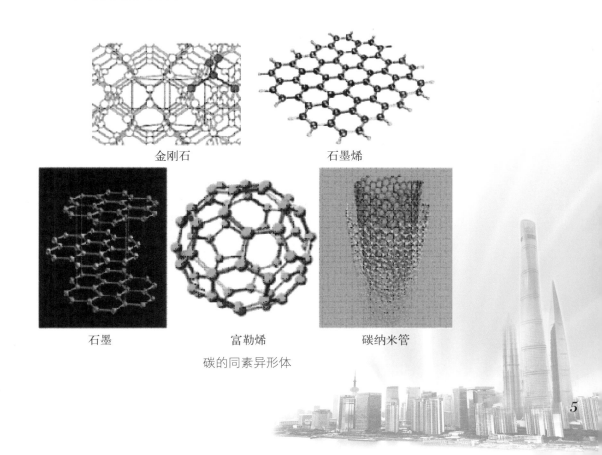

金刚石　　　　　　　　石墨烯

石墨　　　　　　富勒烯　　　　　碳纳米管

碳的同素异形体

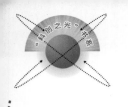

正因为碳如此与众不同，人们对碳也"另眼相看"！特别是石墨烯的诞生，在社会各界更是兴起了一股狂热的追捧之风。

碳氏家族的新贵们

石墨

石墨（graphite）是一种深灰色带有金属光泽而不透明的细鳞片状固体，属于混合型晶体，既有原子晶体的性质又有分子晶体的性质。石墨层内每个碳原子的周边连结着另外三个碳原子（排列方式呈蜂巢式的六边形结构），以共价键结合，形成层状结构，而层与层之间结合力较小，以范德华力结合，因此石墨很容易互相剥离，形成薄薄的石墨片。石墨在高温下形成，最常见于大理岩、片岩或片麻岩中，也常见于陨石中，一般为团块状，以一定方位关系组成立方体外形的多晶集合体称方晶石墨。石墨广泛分布在变质矿床中，系由富含有机质或碳质的沉积岩经区域变质作用而成。

石墨由于层面内为晶型碳，每个碳原子均会释放出一个电子，而且自由移动，因此石墨属于导电体；而石墨层通过弱的范德华力联系在一起，所以石墨也是一种最软的矿物，其密度为 2.25 g/cm^3，硬度1.5，熔点3 652℃，沸点4 827℃，且质软，有滑腻感，可导电。化学性质不活泼，耐腐蚀，与酸、碱等不易反应。在空气或氧气中加热，可燃烧并生成二氧化碳。强氧化剂会将它氧化成有机酸。基于石墨烯的上述性质，石墨的用途广泛，可用作抗摩剂和润滑材料、制作坩埚、电极、干电池、铅笔芯；高纯度石墨具有良好的中子减速性能，可在核反应堆上用作中子减速剂。石墨常被称为炭精或黑铅，就像铅笔就长期被误认为是铅。

尽管石墨有很多的用途，但是还远远比不上金刚石诱人。在那个化学飞速发展、理想激扬的年代，人们已经知道石墨与金刚石是同素异形体了。那么，如果能把石墨转化为金刚石，那不就发了吗？于是大批化学家开始尝试，不过最后都以失败告终。正当大家垂头丧气、一筹莫展之际，突然有一位化学家站出来，宣称成功地实现了石墨与金刚石的转化。一时间，穷人很振奋，富人很沮丧。究竟是怎么做到的呢？我们一起走近人造金刚石。

金刚石

早在 5 000 年以前，人类就已经认识了金刚石。当然，古人发现金刚石的性质是十分偶然的，他们从沙漠里采来"石头"进行加工时，发现任何坚硬的石头或金属工具都不能在一些"石

割玻璃刀

头"上留下痕迹，而这些"石头"却能毫不费力地刻划任何坚硬的石头或金属。因此，古人认识到这是自然界中最硬的石头，把它命名为"金刚石"，而金刚石的拉丁文名称的原意是"不可战胜的"，指的就是它的这一特性。

金刚石如此坚硬的特点决定了它在工业上有很重要的用途。比如割玻璃用的刀，其实就是把一粒芝麻大的金刚石，嵌在钢铁做成的刀基上。在机械厂里，人们用金刚石切削一些硬质合金。采矿用的钻探机钻头上，也有许多金刚石，有了它，钻头才能无坚不摧地向地下进军。在一些精密仪器中，金刚石常用来作轴承，保证仪器长时间准确无误地转动。

晶莹美丽的金刚石经过人们琢磨之后，便成了钻石，被人誉为"宝石之王"，常常作为贵重的装饰品。但是埋藏在地底下天然的金刚石数量很少，根本就满足不了人们对它的需求，成了稀有的贵重物质。

　　天然的金刚石数量很少，可遇不可求，很难满足人们的需求。从 19 世纪 90 年代开始，随着化学科学的发展，法国化学家莫瓦桑萌生了人工制造金刚石的念头。他想，要是金刚石能从工厂中源源不断地生产出来，那该多好！莫瓦桑是一位发明家，1886 年他首先制得单质氟，1892 年发明高温电炉，这些成就曾轰动了整个化学界，但是要制造金刚石，却不是一件容易的事情。

　　有一天，莫瓦桑参加了由有机化学家和矿物学家查理·弗里德尔在法兰西科学院作所的一个有关陨石研究的报告，听着听着，莫瓦桑被报告人的一段话吸引住了："陨石是一个大的铁块，在铁块里混有极微小的金刚石晶体。"他马上联想到石墨矿里也常混有极微量的金刚石晶体。这正好说明陨石和石墨矿在形成的过程中有可能产生金刚石晶体，能否将其中微量的金刚石提取出来呢？为了给自己的设想找到理论根据，莫瓦桑翻阅了许多文献资料，从资料中他了解到拉瓦锡曾做过燃烧金刚石的试验，从而证明金刚石的成分主要是碳。他还看到过德布雷在用陨石做试验之后发表的一篇论文中指出：金刚石是在高温、高压下形成的。

　　莫瓦桑经过认真的调查研究之后，大胆地提出了制取人造金刚石的设想，他满怀信心地对助手们说："陨石里含有金刚石，而陨石的主要成分是铁，那我们倒过去，把铁熔化，加进碳，这样碳在足够的高温下，有可能生成金刚石。"助手们听了老师的方案纷纷点头赞同，希望立即开始合成金刚石的试验。

　　一切准备就绪，莫瓦桑和助手开始第一次试验。他们将一大块生铁慢慢熔化，然后掺进碳，之后让它再一点点冷下来，形成铁块，助手们认为

法国科学家亨利·莫瓦桑

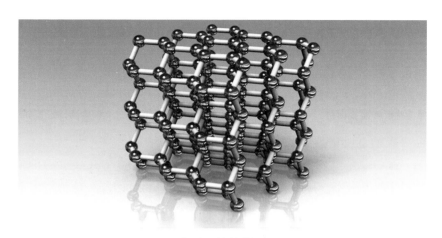

金刚石结构模型

铁里面的碳一定已经变成金刚石了。大家激动万分，谁都想先看到人造金刚石的风采。他们把铁块放在盐酸中，让盐酸把铁一点点溶解掉，此时许多双眼睛在注视着铁块，急切地盼望生铁赶快消失，金刚石快快出现。最后的时刻终于来临了，但他们看到容器底部只有黑色的沉淀物，显然这不是金刚石晶体，而是石墨。

大家像泄了气的皮球，一个个垂头丧气，莫瓦桑心里更不好受。这是怎么回事呢？莫瓦桑想：应该冷静下来，好好地思考一下。

一天，莫瓦桑召集全体实验人员开会，研究实验失败的原因及如何改进。一名助手说："德布雷理论好像说碳在高温、高压下才能形成金刚石，我们做的实验只有高温没有高压呀！"大家一听觉得言之有理。那么，怎样才能产生高压呢？大家你一言我一语，但也没有说出什么道道来。于是大家把目光不约而同地都投向莫瓦桑。

"我想出一个方法，不知行不行？"莫瓦桑沉思了一会开始发言了，"大家都知道水结冰时，体积会膨胀，所以冰总是浮在水面上。生铁也一样，当它从液态变为固态时，体积也会变大，如果这时在生铁的外面包层东西，不使生铁体积变大，那生铁内部的压力不就会大了吗？"

这时旁边的一名助手插话说："老师，您的意思是不是这样：

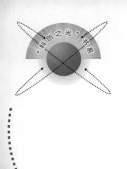

先把生铁熔化、放进碳，然后把熔化的生铁倒进一只坚固的钢瓶中，盖好瓶盖，这样就可以产生高压了……"莫瓦桑听到这里，连忙摇摇手说："不！用不着那样复杂，只要把掺了碳的生铁迅速冷却，在生铁的表面就会自然而然地结成一层坚硬的铁壳，而里面仍然是铁液，这样不就如同钢瓶一样了吗？"大家恍然大悟，再一次被老师的聪明智慧所折服。

第二天，助手们一早来到实验室，新的试验又开始了。他们先把生铁块熔化，掺进碳后，迅速让熔化了的铁冷却，这样碳既获得了高温又有了高压，然后再让生铁一点点熔化掉。关键时刻又要到了，这次能不能成功呢？大家都在默默地注视着容器的底部。忽然，不知谁叫了起来："你们快看，沉淀中有小晶体！"大家不约而同地把头伸了过去，果然发现了目标。莫瓦桑小心地把一粒粒小晶体取出，一看，果真是金刚石。成功了！终于成功了！

富勒烯

1985 年，英国克鲁托（H.W.Kroto）、美国斯莫利（R.E.Smalley）和柯尔（R.F.Carl）三位教授在美国莱斯大学的化学实验室里，运用质谱法检测被激光束辐射后的石墨产物。他们发现，在质谱中存在一系列由偶数个碳原子形成的分子，而且其中一个峰的强度比其他峰的强度要大 20～25 倍，从而发现了有 60 个碳原子构成的足球状碳簇分子 C_{60}，因此，三位科学家共同获得了 1996 年诺贝尔化学奖。

C_{60} 顾名思义是一种由 60 个单纯由碳原子结合形成的稳定分子，它具有 60 个顶点和 32 个面，其中 12 个为正五边形，20 个为正六边形，如果把每一个六元环和五元环都看做是一个平面，它们堆积在一起的方式和足球表面结构是一样的，因此，C_{60} 也被称为足球烯，其相对分子质量约为 720。

受到美国建筑师布克米尼斯特·富勒（Buckminster Fuller）所设计的具有球形结构的蒙特利尔世博会美国馆的启发，克鲁托

勾画出的 C_{60} 的分子结构，因此他们一致建议，富勒的姓名加上一个词尾 -ene 来命名 C_{60} 及其一系列碳原子簇，称为 Buckminster Fullerene（简称 Fullerene，中文译名为富勒烯）。

对于将 C_{60} 及其一系列碳原子簇称为烯，根据有机化学系统命名原则，烯表示含双键的烃，而碳 60 及其一系列碳原

C_{60} 结构模型

子簇是完全由碳原子组成的单质，并不是一种化合物，也不是烯烃。因此，有些化学家不同意使用富勒烯这个名称。由于命名需要尊重约定俗成的习惯，书籍和文献中仍都采用 Fullerene 这个名称。有人建议称 C_{60} 及其一系列碳原子簇为"球碳"，理由是它们是由碳元素组成的球形分子；有人建议称为"笼碳"，理由是它们是一种中空的笼形分子；还有人建议把"球碳""笼碳"和"富勒"综合起来，称为"富勒球碳""富勒笼碳"。在 C_{60} 及其一系列碳原子簇的命名上，目前还没有一种令大家都满意的名称。

碳纳米管

作为碳纳米材料的先驱，C_{60} 为科学家们提供了一个重要的研究对象，与此同时，在富勒烯研究的推动下，一种更加奇特的碳结构——碳纳米管又被科学家发现了。

1991 年，日本 NEC 公司基础研究实验室的电子显微镜专家饭岛澄男（Sumio Iijima）博士在用电弧法制备 C_{60} 的过程中，首次通过高分辨透射电子显微镜从电弧放电过程制备的碳纤维中，意外地发现了由管状的同轴纳米管组成的碳分子，即碳纳米管（Carbon Nanotubes，CNTs）。碳纳米管可以看成是由石墨烯片层围绕中心轴按一定的螺旋度卷曲而成的管状物，管子两端通常被

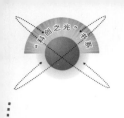

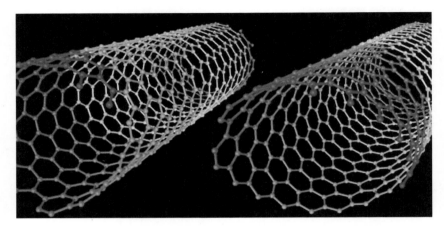

碳纳米管模型

含有五边形的半球面网格封口。

　　不过，碳纳米管在 1991 年被正式认识并命名之前，已经在一些研究中发现并制造出来，只是当时还没有认识到它是一种新的、重要的碳的形态。早在 1890 年，人们就发现含碳气体在热的表面上能分解形成丝状碳。1953 年，CO 和 Fe_3O_4 在高温下反应时，也曾产生过类似碳纳米管的丝状结构。从 20 世纪 50 年代开始，石油化工厂和冷核反应堆的积炭问题，也就是碳丝堆积的问题，逐步引起重视，为了抑制其生长，开展了不少有关其生长机理的研究。在这些用有机物催化热解的办法得到的碳丝中已经发现有类似碳纳米管的结构。20 世纪 70 年代末，新西兰科学家发现在两个石墨电极间通电产生电火花时，电极表面生成小纤维簇，通过电子衍射测定发现其壁是由类石墨排列的碳组成的，实际上已经观察到多壁碳纳米管。

　　碳纳米管，又名巴基管，是一种具有特殊结构（径向尺寸为纳米量级，轴向尺寸为微米量级、管子两端基本上都封口）的一维量子材料。按照管壁碳原子层数的不同，又可以分为单壁碳纳米管和多壁碳纳米管。其中单壁碳纳米管的直径一般为几个纳米，长度为几十微米到一百多微米，而多壁碳纳米管直径则为几纳米到几十纳米，甚至上百纳米，长度则能够达到几毫米，层与层之间的重复周期保持着固定的距离。碳纳米管并不总是笔直的，而是局部区域出现凸凹现象，这是由于在六边形编织过程中出现了五边形和七边形。除六边形外，五边形和七边形在碳纳米管中也扮演重要角色。根据碳六边形沿轴向的不同取向可以将其分成锯齿形、扶手椅型和螺旋型三种。其中螺旋型的碳纳米管具有手性，而锯齿形和扶手椅型碳纳米管没有手性。

由于碳纳米管的特殊结构，它就具有了许多优良的性能，比如，具有极高的强度，抗拉强度达到 $50 \sim 200$ GPa，是钢的 100 倍，密度却只有钢的 1/6；极高的韧性，十分柔软，被认为是未来的超级纤维；很好的导电性，稳定的化学性能，具备了高性能场发射材料的基本结构特征；高的热稳定性和本征电子迁移率（电子传输能力），大的比表面积，满足理想的超级电容器电极材料的要求；特殊的管道结构以及多壁碳纳米管之间的类石墨层隙，使其成为最有潜力的储氢材料，在燃料电池方面有着重要的作用。

碳纳米管作为一维纳米材料，重量轻，六边形结构连接完美，理论预计该材料具有优异的力学、电学、磁学等性能，极具理论研究和实际应用价值，因而激起了国内外学者的巨大兴趣。时至今日，碳纳米管的研究仍然是材料学界和凝聚态物理学界的前沿和热点，我国的科学家也已经能够通过电弧法和化学气相沉积等方法实现了碳纳米管的大批量制备。

石墨烯

石墨烯（Graphene）是碳家族的新成员，是一种由单层碳原子六方紧密连接而成的理想二维晶体，厚度约为 0.335 nm（一个碳原子厚度），具有完美的晶体结构和独特的电学、光学、力学和热学等物理性质，是构建其他维数碳材料的基本结构单元。因为石墨是由一层层蜂窝状有序排列的平面碳原子堆叠而形成，且层间作用力较弱，很容易互相剥离，因此通过把石墨

片层相互剥离成单层之后，就可以获得这种只有一个碳原子厚度的单层石墨烯。

小知识

原子轨道杂化理论

原子的核外电子是排布在不同能级的原子轨道上面的，比如 s 轨道、p 轨道，等等，原子在形成分子时，为了增强成键能力（使成键之后能量最低则最稳定），同一原子中能量相近的不同类型的原子轨道重新组合，形成能量、形状和方向与原轨道不同的新的原子轨道（这种轨道的能量都比没有杂化以前的能量要低）。比如 sp 杂化、sp^2 杂化，等等，这种原子轨道重新组合的过程称为原子轨道的杂化，所形成的新的原子轨道称为杂化轨道。形成杂化轨道之后再与其他的原子结合使得整个的分子能量降低，达到稳定的状态。

早在 20 世纪 30 年代，科学家们就提出严格的二维晶体在热力学上是不稳定的，因为在任何有限温度下二维晶体中的热涨落作用会破坏原子的长程有序性，导致二维晶格的分解或破坏。因此，石墨烯能否在室温下稳定存在一直是凝聚态物理和其他相关研究领域广泛而长久争论的一个研究课题。直到 2004 年，安德烈·盖姆等才首次通过对石墨的微机械剥离制备出石墨烯，从而开启了石墨烯及其衍生物制备、性质和应用等实验研究的新时代。

碳氏家族的成员关系

作为碳元素的一种同素异形体，石墨晶体中同层的碳原子以 sp^2 杂化形成共价键（即每一个碳原子以三个共价键与另外三个原子相连），六个碳原子在同一个平面上形成了正六边形的环，伸展成片层结构。由于每个碳原子均会放出一个电子，那些电子能够自由移动，因此石墨属于导电体。石墨晶体中层与层之间相隔约 0.340 nm，以范德华力结合，即层与层之间属于分子晶体。但是，由于同一平面层上的碳原子间结合很强，极难破坏，所以石墨的熔点也很高，化学性质也稳定。鉴于它的特殊的成键方式，不能单一地认为是原子晶体或者是分子晶体，按现代的表述方式，认为石墨是一种混合晶体。因此，石墨层与层之间比较容易剥离开来。

从碳氏家族成员介绍中我们了解到，碳高温条件下转化成石墨，高温高压可以变成金刚石。从石墨的结构我们可以知道，剥离就可以制备石墨烯，石墨烯卷曲就是碳纳米管，或者富勒烯。如下图所示，石墨烯包裹起来能够形成零维富勒烯，卷曲可形成一维的碳纳米管，而堆积又可形成二维石墨。

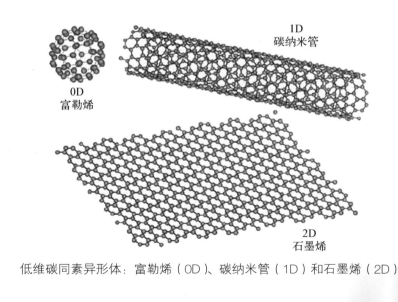

低维碳同素异形体：富勒烯（0D）、碳纳米管（1D）和石墨烯（2D）

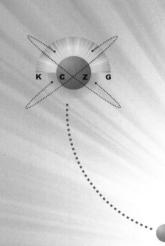

石墨烯的前世今生

石墨烯的身世

就本质而言，石墨烯是分离出来的单原子层平面石墨。按照这一说法，自从 20 世纪初，X 射线晶体学创立以来，科学家就已经开始接触到石墨烯了。1918 年，V. 科尔舒特（V.Kohlschütter）和 P. 海尼（P.Haenni）详细地描述了石墨氧化物纸的性质。1948 年，G. 吕斯（G.Ruess）和 F. 沃格特（F.Vogt）发表了最早用透射电子显微镜拍摄的少层石墨烯（层数在 3～10 层之间的石墨烯）图像。

那么，石墨烯是如何被制造与发现的呢？最初，科学家试着使用化学剥离法来制造石墨烯。他们将大原子或大分子嵌入石墨（用以撑大石墨层间隙，削弱层间范德华力的作用），得到石墨层间化合物。在其三维结构中，每一层石墨可以被视为单层石墨烯。经过化学反应处理，除去嵌入的大原子或大分子后，会得到一堆石墨烯烂泥。由于当时难以分析与控制这堆烂泥的物理性质，科学家并没有继续这方面的研究。还有一些科学家采用化学气相沉积法，将石墨烯薄膜外延生长于各种各样衬底上，但初期品质并不优良。

随着现代科学的发展，人类对于物质结构已经有了一个相对明确的认知。而在人们所认知的结构中，石墨绝对是一个另类。石墨的晶体结构是层状的，由碳原子相互连结形成正六边形并延伸成一张无限大的原子网，而相邻的石墨层靠微弱的范德华力贴合在一起。这张网上的原子连结得此结实，以至于比钻石还硬、比钢还结实。然而，有过削铅笔经验的人都很清楚，铅笔中的石墨芯是很软的，而且很容易就掰断了。这是为什么呢？其实用铅笔书写，就是一个将笔芯上脱落的石墨颗粒留在纸面上的过程。因为石墨的相邻分子层黏合力很弱，石墨层很容易发生相互移动或剥离，就如下图所示的一样。

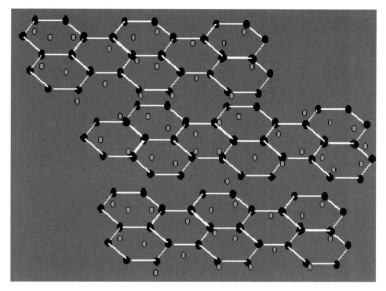

石墨层间的滑移

随着现代化科学仪器的不断进步，科学家研究的物质尺度也越来越小，已经进入到纳米级，甚至更小的原子级别。然而，尽管人们对石墨的结构已有了完全的认识，甚至预言了单层的石墨可能会具有非常好的物理性质。但如何把石墨不断地磨薄，薄到只有一个原子的厚度，这个世界难题还是让所有的科学家们望而却步了。甚至有些科学界的权威断言，单层的石墨是不可能独自存在的！但是，英国曼彻斯特大学教授安德烈·盖姆决心突破这个难题。他果断地把一块石墨递给一个研究生："去，把它磨到最薄！"那个研究生心想：铁杵磨成针已是极致，居然要磨到原子量级。于是这个研究生天天磨石墨，几个月后，已经磨到最薄，实在磨不下去了。拿来一测量，仍然有几千个原子层厚，他绝望了。此路不通，安德烈·盖姆只好再寻他途。这时，他看到学生用透明胶带贴在石墨表面，就问学生为什么这么做。学生说胶带可以把表面一层脏的石墨撕下来，再用干净的表面来磨。

刹那间，安德烈·盖姆的思维打开了。他把撕后的胶带放到

因成功从石墨中剥离出石墨烯而获得诺贝尔物理学奖的英国曼彻斯特大学安德烈·盖姆（左）和康斯坦丁·诺沃肖洛夫（右）教授

显微镜下观察，发现胶带上的石墨厚度比那个研究生辛苦磨出来的石墨片薄多了，有些甚至只有几十个原子层厚。于是，史上最简单粗暴、匪夷所思的科学实验诞生了！于是，安德烈·盖姆反复用透明胶带粘在石墨上，然后一遍又一遍地撕胶带，直到胶带上的石墨越来越薄，最终达到一个原子的厚度，也就是获得了单层的石墨，即现在我们所熟知的石墨烯。

小贴士

从石墨烯的发现得到的启示

石墨烯的发现过程让我们认识到了科学的魅力，也让我们有机会认识石墨烯的发现者——英国曼彻斯特大学科学家安德烈·盖姆，那么，他到底是个怎么样的人？首先，他的科学才华无与伦比，在他的眼中，科学研究仅仅是一个满足自己好奇心的游戏而已。事实上，在十几年中，他玩耍出了很多惊世骇俗的科学成果，让所有苦行僧一样的科研人员羡慕不已。其次，在追求

英国曼彻斯特大学科学家安德烈·盖姆

科学真理过程中，拥有面对困难绝不放弃的精神。当他还只是一个普通科研人员的时候，也曾经四面楚歌，穷困到饭都吃不起的地步，但他从没有想过放弃，而是克服重重困难，迎难而上。事实一再印证，命运之神会眷顾每一个不甘认输、勇往直前的人。于是，他终于发现了石墨烯，使人类的科技从硅时代一跃进入碳时代，并为自己赢得了科学家的最高奖——诺贝尔物理学奖。

他的成功再次证明一个真理：好奇心是科学发现的第一推动力！

同时，盖姆也向世人证明，解决具有挑战性的科学问题，不一定需要用高深的理论或复杂的仪器，更需要的是人们对日常生活细致的观察与灵活的运用。面对用透明胶带撕出来的石墨烯，全世界的科学家都折服了。

石墨烯的获取途径

材料的制备是研究其性能及探索其应用的前提和基础。石墨烯的制备方法与许多材料的制备方法类似，可采用自上而下，或者自下而上两种途径获取。就好比我们要盖房子，需要砖、瓦、石块等材料，这些材料可以通过把山上的大石头打磨成小石头而获得，这就是自上而下的途径；也可以从泥土开始，经制成土坯然后烧结而成，这就是自下而上的途径。典型的自上而下的获取石墨烯的方法就包含微机械剥离和化学氧化剥离等方法，而化学气相沉积、外延生长、有机合成等方法则属于自下而上的制备石墨烯的范畴。

微机械剥离法

微机械剥离法，即通过机械力从石墨晶体表面剥离得到单层或多层石墨烯碎片的方法。在2004年，安德烈·盖姆等利用胶带剥离高度取向热解石墨（HOPG）首次成功地制备出单层石墨烯，并对其形貌进行了观察。胶带剥离即为微机械剥离法的一种。简而言之，微机械剥离法制备石墨烯就好比从石墨书上将组成该书的纸——石墨烯一页一页地撕下来。那么撕的方法有很多，有人用胶带撕，有人用球磨机撕，各种撕法。只要把石墨烯纸一层层剥下来，就是一种成功的方法（如左图所示）。通过该种方法获得的石墨烯质量和性能最好，因此，这个方法特别适用于石墨烯的本征物理性质的研究。

利用胶带，采用机械剥离法得到单层石墨烯

化学氧化还原法

微机械方法虽然能获得较高质量的石墨烯，但因其技术可控性较差，制得的石墨烯尺寸较小且存在很大的不确定性，同时制备效率低下，不利于大规模的制备。相比较而言，化学氧化还原，即氧化石墨烯（GO）溶液还原法，操作简便、产量大，同时石墨烯溶胶的产物形式也为材料的进一步加工和成型带来了很大方便。

化学氧化还原主要包括以下几个操作过程：首先，先用强氧化剂浓硫酸、浓硝酸、高锰酸钾等将石墨氧化成氧化石墨，氧化过程即在石墨层间穿插一些含氧官能团，从而加大了石墨层间距，随后通过超声等手段将已经膨胀、氧化的石墨解理开，就可形成单层或数层GO，最后再用强还原剂水合肼、硼氢化钠等将GO还原成石墨烯。目前，GO的还原方法主要包括：化学还原法（所用还原剂包括水合肼、二甲基肼、对苯二酚、硼氢化钠、含硫化合物等）、热还原法和紫外辅助还原法（采用高温处理 GO，并去除化学官能团的方法）等。下图为从石墨到化学还原氧化石墨烯的制备过程。

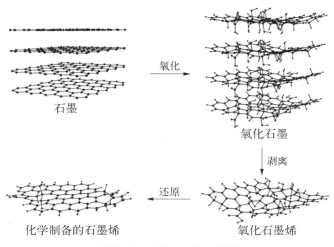

化学氧化还原法制备石墨烯

这种方法最大的优点是可以大规模制备石墨烯，成本较低，而且获得的石墨烯氧化物可以稳定分散在多种溶剂中。但是，由于这种方法在化学氧化和插层过程中会不可避免地在石墨烯片层上形成许多缺陷和官能团，导致石墨烯很多优良性能如导电性、导热性等大大降低，甚至全部消失。不过，科学家们还是可以通过各种化学或者物理的方法来解决这个问题，当然也就提高了制备的成本。

化学气相沉积法

化学气相沉积（CVD）是 20 世纪 60 年代发展起来的一种制备高纯度、高性能固体薄膜材料的化工技术，该技术主要是利用含有薄膜元素的一种或几种化合物或单质（气相或者液相），在镀有催化剂的衬底表面上进行化学反应，并经过成核、凝聚长大等过程形成纳米厚度的薄膜。化学气相沉积法已经广泛用于提纯

物质、研制新晶体、沉积各种单晶、多晶或玻璃态无机薄膜材料。它是近几十年发展起来的制备无机材料的新技术。

　　CVD 技术是目前合成高质量石墨烯薄膜的一条有效途径。具体而言，首先将去除表面氧化物膜的镍或者铜箔（制备石墨烯的衬底和催化剂）放置在化学气相沉积设备内，用真空泵将设备内的空气抽走，然后通入含有碳元素的烃类气体（碳源，比如甲烷等），经过电炉加热，甲烷便会在高温下发生裂解，并在镍箔或者铜箔表面析出碳原子，碳原子在饱和析出过程中会受到衬底的影响按照一定的晶格结构排布，冷却后就得到了石墨烯。要想自由使用石墨烯，还要将石墨烯与衬底分离。可利用溶剂腐蚀法去除金属衬底，得到无支撑的独立石墨烯薄膜，进而可以把石墨烯转移到任何所需的基底上。也可采用快速冷却的方法从衬底上有效分离石墨烯，在不借助任何机械和化学方法的情况下，保留了石墨烯样品的结晶完整度。其过程原理如下图所示。

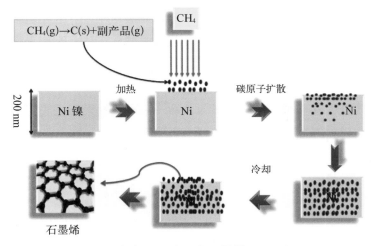

化学气相沉积法制备石墨烯原理图

　　通过化学气相沉积法在金属基底生长可以得到含有单层至几层的石墨烯薄层（约 1 cm² 大小），但得到大片层、均匀生长的单层石

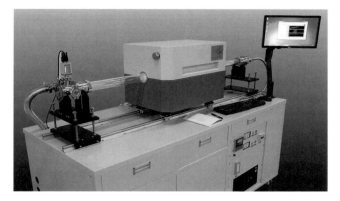

化学气相沉积法制备石墨烯反应设备

墨烯是很困难的，同时经化学气相沉积法制备的石墨烯的电子性质受基底的影响很大。上图为化学气相沉积法制备石墨烯设备。

外延生长法

外延生长是指在单晶衬底（基片）上生长一层与衬底晶向相同的单晶层，犹如原来的晶体向外延伸了一段。比如在超高真空条件下加热碳化硅（SiC）晶体衬底，在足够高的温度下（1 300℃），SiC表面的Si原子被蒸发而脱离表面，而使衬底表面出现碳化现象，这样就可以得到基于SiC衬底外延生长的石墨烯。然而，基于SiC原位真空分解得到的石墨烯尺寸一般比较小（直径30～200 nm）。通过非原位外延方法在6H-SiC（0001）基底上可以生长出更大面积的单层石墨烯。

外延生长与化学气相沉积技术具有在整个晶型衬底上制备单层石墨烯的潜力，这使得研究应用于电子及半导体器件的新材料成为可能。

有机合成法

早在一个世纪以前，人们就开始利用有机合成方法制备具有特

殊电学性质和自组装性质的多环芳烃分子（PAHs）。在此基础上，化学家穆勒（Müllen）等制备了大量具有特殊结构的石墨烯前驱体，核心分子是含有42个碳原子的六苯并蔻（HBC）。首先利用Diels-Alder反应制备出合适的枝化低聚苯撑（苯环与苯环通过单键直接相连形成的直线型聚合物），然后氧化脱氢环化形成平面石墨烯碎片。通过这个方法制备的石墨烯核心分子中包含90～222个碳原子。目前采用此方法合成的最大石墨烯分子的结构，如下图所示。

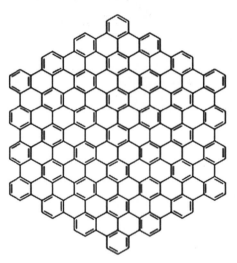

目前合成的最大石墨烯的分子结构

相对于其他方法，通过自下而上的有机合成法可以制备具有确定结构且无缺陷的石墨烯纳米带，并可以进一步对石墨烯纳米带进行功能化修饰。但有机合成方法制备的石墨烯分子尺寸大小不一，且随着分子尺寸的增加，在合成过程中会面临的溶解性的降低和副反应的发生。因此，这些问题极大地制约了该方法的推广和发展。

石墨烯制备技术的特点

在石墨烯研究初期，科学家们一直在为如果获取足够样品，从而满足其基础研究的需要而发愁。幸运的是，通过微机械剥离法从石墨晶体成功得到了石墨烯，实现了对单层或少层（少于3层）石墨烯的本征特性的系统研究。微机械剥离方法操作简单、制作样品质量高，是当前制取单层高品质石墨烯的主要方法，在人们认识石墨烯的过程中发挥了至关重要的作用。但这种技术也只是解决了石墨烯有无的问题，当人们开始将研究重心从本征物性研究转移到应用研究的时候，由于微机械剥离技术可控性较差，制得的石墨烯尺寸较小且存在很大的不确定性，同时制备效率低下，成本高，难以实现石墨烯的大面积与规模化生产，因而科学家们不得不研发新的石墨烯制备技术。

化学氧化还原法的最大优点是实验条件简单、成本低廉和可大批量生产，同时，原始材料是廉价的石墨，因而是一种最有前途的低成本宏量制备石墨烯的技术。另外，该方法还有一个优点，就是可以先生产出同样具有广泛应用前景的功能化石墨烯——氧化石墨烯。但是，化学氧化还原法也有自身不足。比如，由于在制备过程中引入大量的强氧化性化学试剂，强制将石墨分层以获得少层石墨烯，但这个氧化过程不可避免地导致所制备的石墨烯中部分结构的破坏，因而石墨烯的某些性能（导电、导热特性等）大大降低。虽然氧化石墨烯可通过化学或者热还原等方法对其结构进行一定程度的修复，但无论如何也比不上机械剥离法制备的石墨烯。另外一个弊端就是环境保护问题。化学氧化还原法制备石墨烯的过程会使用大量的强酸等化学试剂，后期还需要大量的水洗涤，因此就会产生大量的废液，不可避免地造成水体、土壤的污染。这显然与当前我国大力倡导的绿色发展、生态文明相左。因此，如何平衡石墨烯的低成本大规模制备与环保问题将决定化学氧化法的前途。

利用化学气相沉积技术在金属基底生长可以得到较大面积的含有单层至几层的石墨烯薄层（约 1 cm^2），因此，化学气相沉积法被认为最有希望制备出高质量、大面积的石墨烯，是产业化生产石墨烯薄膜最具潜力的方法。经过近十年的发展，化学气相沉积技术越来越成熟。但面对大尺寸高质量的石墨烯应用需求，目前化学气相沉积技术仍然面临很大挑战，比如该技术所制备出的石墨烯的厚度难以控制，在沉淀过程中只有小部分可用的碳转变成石墨烯，且石墨烯的转移过程复杂。

外延生长法和气相沉积技术具有在整个晶片上制备单层石墨烯的潜力，这有助于深入开展石墨烯在半导体器件与透明导电薄膜方面的应用研究，极大地促进石墨烯在电子器件与柔性显示领

域的应用。但是，目前采用这两种技术制备厚度可控的、结构单一的石墨烯薄膜材料仍存在一定的困难，将石墨烯直接生长或沉积于工业规模的硅片上以用于纳电子器件的研究仍然是科学家们今后努力的目标，应着重解决高成本和低制备效率等缺点。

如何从结构上认识石墨烯

碳氏家族成员包含零维（可理解为三维空间中的点）的富勒烯（0D）、一维（三维空间的一条线）的碳纳米管（1D）、二维（三维空间的一个面）的石墨烯（2D）、三维的石墨（3D）与金刚石（3D），以及具有三维结构的无定型碳等多种形式的碳物质。而石墨烯由于其独特的二维平面结构，就像无限大的芳香族分子，因而被认为是构筑其他碳晶型结构材料的基本组成单元，如下图所示。形象地说，石墨烯是由单层碳原子紧密连接成的二维

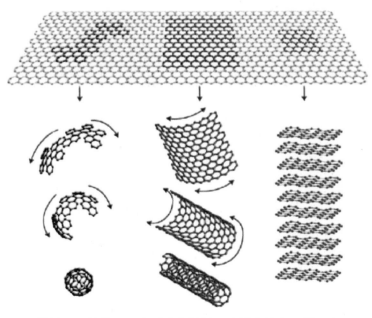

石墨烯原子结构图及它形成富勒烯、碳纳米管和石墨示意图

蜂巢状的晶格结构，看上去就像由六边形网格构成的平面。每个碳原子通过 sp² 杂化与周围碳原子构成正六边形，每一个六边形单元实际上类似一个苯环，每一个碳原子都贡献一个未成键的电子，单层石墨烯的厚度仅为 0.335 nm，约为头发丝直径的二十万分之一。

石墨烯是由六边蜂窝状晶格组成，每个晶格单元（晶胞）中含有两个碳原子（A 和 B），如下图所示。每个格点上的碳原子都有 1 个 s 轨道和 3 个 p 轨道，s 轨道与其中两个 p 轨道进行轨道杂化形成 sp² 杂化轨道，轨道中的 3 个电子与邻近的碳原子以 3 个 σ 键连接在一起。此外，每个碳原子还有一个 2p 轨道，其中有一个 2p 电子。这些 2p 轨道都垂直于 sp² 杂化轨道的平面，相互平行。而相互平行的 p 轨道满足形成大 π 键的条件。石墨烯层中包含有很多碳原子，而所有碳原子的 2p 轨道都垂直于 sp² 杂化轨道平面，因此，可以形成贯穿全层的多原子的大 π 键。大 π 键中的电子并不定域于两个原子之间，而是离域的，可以在同一层中自由运动，为石墨烯提供了一个理想的二维（2D）结构。基于完美的二维晶体结构，使石墨烯具有优异的电学、光学、力学及热学等性质。

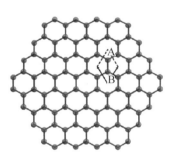

每个晶胞中含两个原子（A 和 B）的石墨烯的六边蜂窝状晶格

石墨烯是一种二维结构碳材料，是单层石墨烯、双层石墨烯和少层石墨烯的统称。石墨烯按照层数划分，大致可分为单层、双层和少层石墨烯。

单层石墨烯：指由一层以苯环结构（即六角形蜂巢结构）周期性紧密堆积的碳原子构成的一种二维结构碳材料。

双层石墨烯：指由两层以苯环结构（即六角形蜂巢结构）周期性紧密堆积的碳原子以不同堆垛方式（包括 AB 堆垛、AA 堆垛、AA' 堆垛等）堆垛构成的一种二维结构碳材料。

少层石墨烯（Few-layer graphene）：指由 3～10 层以苯环结

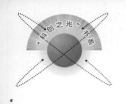

构（即六角形蜂巢结构）周期性紧密堆积的碳原子以不同堆垛方式（包括 ABC 堆垛、ABA 堆垛等）堆垛构成的一种二维结构碳材料。

由于二维晶体在热力学上的不稳定性，所以不管是以自由状态存在或是沉积在基底上的石墨烯都不是完全平整的，而是在表面存在本征的微观尺度的褶皱，如下图所示。蒙特卡洛模拟和透射电子显微镜观察都证明了这一点。这种三维的变化可引起静电的产生，致使石墨层发生聚集。同时，褶皱大小不同也会影响石墨烯所表现出来的电学及光学性质。

单层石墨烯的典型构象

除了表面褶皱之外，在实际中石墨烯也不是完美存在的，而是会有各种形式的缺陷，包括形貌上的缺陷（如五元环、七元环等）、空洞、边缘、裂纹、杂原子等。这些缺陷会影响石墨烯的本征性能，如电学性能、力学性能等。但是通过一些人为的方法，如高能射线照射、化学处理等引入缺陷，却能有意地改变石墨烯的本征性能，从而制备出不同性能要求的石墨烯器件。

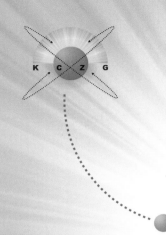

无与伦比的石墨烯

石墨烯被称为"新材料之王"，拥有超薄、高强度、优异的导热性与导电性、良好透光性等极佳特性：只有一个碳原子厚度，是自然界最薄的材料；其结构稳定，强度比最好的钢材要高出百倍以上，超过钻石。实验测得的石墨烯导热系数高达5 300 W/m·K，高于碳纳米管等新材料和金刚石；电阻率比铜或银还低，为世上已知电阻率最小的材料；透光性高达97.7%，几近透明……它到底能给人类带来哪些神奇变化呢？

"薄如蝉翼，轻如鸿毛"

石墨烯是目前已知的自然界最薄的材料，只有一个碳原子厚度。单层石墨烯只有0.34 nm厚，十万层石墨烯叠加起来的厚度大概等于一根头发丝的直径，人们用肉眼是看不见它的，实际上石墨烯要比蝉翼薄得多。如果把石墨烯一层层叠起来就是石墨，厚1 mm的石墨大约包含300万层石墨烯。铅笔在纸上轻轻划过，留下的痕迹就可能是几层甚至仅仅是一层石墨烯。通过化学方法将石墨烯片层组装成三维多孔材料——气凝胶，这种石墨烯气凝胶是世界上最轻的材料，如下图所示，这么大一坨石墨烯气凝胶，竟然可以放在花蕊上，真的可谓是"轻如鸿毛"。

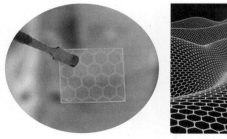
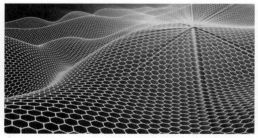

石墨烯，由碳原子构成的单层片状结构新材料

停留在花蕊上的石墨烯气凝胶，真可谓"轻如鸿毛"

"力大无比，坚过磐石"

在石墨烯二维平面内，每一个碳原子都以 σ 键同相邻的三个碳原子相连，相邻两个键之间的夹角120°，键长约为 0.142 nm，这些 C–C 键使石墨烯具有良好的结构刚性，因此，石墨烯是迄今为止强度和硬度最高的材料，其抗拉强度和弹性模量分别为 130 GPa 和 1.1 Tpa，抗拉强度是普通钢的 100 倍。

面积为 1 m^2 的单层石墨烯片层，本身重量不足 1 mg，却可承受约 4 kg 的重量，如果将石墨烯制成与食品保鲜膜厚度相当的薄膜（约 100 nm 厚），那么它可以承受大约 2 t 重的货物。美国科学家萨基教授采用一个生动的比喻来说明石墨烯的力学特性，一头大象的重量即使集中在铅笔头那么小的面积上，也无法轻易穿透保鲜膜厚度的石墨烯片。石墨烯既是最薄的材料，也是最强韧的材料，断裂强度比最好的钢材还要高 200 倍。同时它又有很好的弹性，拉伸幅度能达到自身尺寸的 20%。科学家形象地比喻石墨烯的超强韧性：如果用四头大象撕扯保鲜膜厚度的石墨烯薄片，也很难使薄片断裂。由此可见，石墨烯的强度简直不可思议。

石墨烯具有如此高的强度，人们期望用它可以制备超轻型飞机材料、超坚韧的防弹衣，甚至制备用于登月的"太空电梯"的缆线。科学家幻想将来太空卫星要用缆线与地面联接起来，那时卫星就成了有线的"风筝"。而可以制造这种太空缆线的特殊材料，就是石墨烯。

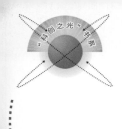

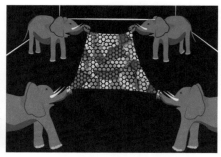

一头大象站立在铅笔尖大小的单层石墨烯上

四头大象同时用力拉扯也无法使保鲜膜厚度的石墨烯薄片断裂

石墨烯防弹装备

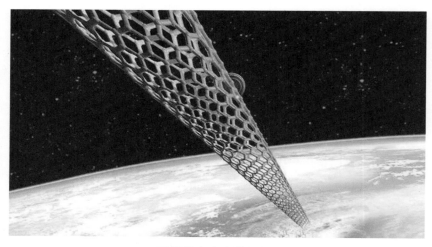

石墨烯太空电梯构想

"晶莹剔透，光照未来"

由于石墨烯是单薄片状态的，光子虽然不能穿透碳原子核，但是，可以穿透碳原子核之间的广大的空间，所以石墨烯是一种透明的物质，当几个石墨烯分子层叠加在一起时，由于碳原子核排列有序（就像检阅场上的方队那样），光很容易穿透方队中的间隙呈现透明状态。理论和实践结果表明，单层石墨烯只吸收 2.3% 的可见光，即透过率为 97.7%。从基底到单层石墨烯、双层石墨烯的可见光透射率依次相差 2.3%。对于多层石墨烯，可以看做单层石墨烯的简单叠加，每一层的吸收是恒定不变的，随着层数的增加，吸收也线性增长。因此，可以根据石墨烯薄膜的可见光透射率来估算其层数。由于吸收波长取决于能带间隙，即禁带宽度，而石墨烯为零带隙结构，所以理论上石墨烯对任何波长都有吸收作用，据此石墨烯可用于制造产生各种波段的激光振荡器。另外，当入射光的强度超过某一临界值时，石墨烯对光的吸收会达到饱和。这一非线性光学行为称为饱和吸收。石墨烯在可见到近红外波段的光照下很容易达到饱和，石墨烯的这一性质使其可用作光纤激光器锁模的可饱和吸收体，产生超快激光。

石墨烯对光的高透射性使得它非常适合作为透明电子产品的原料，如透明的触摸显示屏、发光板和太阳能电池板等。石墨烯透明导电膜对于包括中远红外线在内的所有红外线的高透明性，是转换效率非常高的新一代太阳能电池最理想材料。

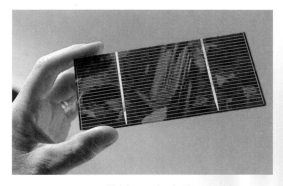

石墨烯太阳能电池

石墨烯透明触摸屏

"快如闪电，突破极限"

石墨烯独特的结构赋予其无比优异的导电性能。石墨烯的每个晶格内有三个 σ 键（由相邻碳原子各自贡献出一个 sp^2 电子所构成），所有碳原子的 p 轨道均与 sp^2 杂化平面垂直，且以肩并肩的方式形成一个离域 π 键，π 电子贯穿整个石墨烯平面，可以自由移动，而且在碳原子间强作用力的保护下，电子在移动过程中不会轻易受到干扰，不会因晶格缺陷或引入外来原子而发生散射。石墨烯独特的结构使其具有室温半整数量子霍尔效应、双极性电场效应、超导电性、高载流子率等优异的电学性质。其载流子率（电子的运动能力）在室温下可达到 $15\,000\ cm^2/(V \cdot s)$，约为目前普遍采用的传统硅半导体材料的 100 多倍，而电阻率只约 $10^{-6}\Omega \cdot cm$，比金属中导电性能最出色的铜或银更低，石墨烯因此成为世界上目前已知的电阻率最小的材料。因为它的电阻率极低，电子奔跑的速度极快，达到了光速的 1/300，远远超过了电子在一般导体中的运动速度。科学家们预测石墨烯有望取代硅成为下一代超高频率晶体管的基础材料，可用来生产未来的超级计算机，使电脑运行速度更快、能耗更低。

石墨烯的微小薄片，被认为是未来构建以类似于人脑的方式处理信息的计算机芯片的关键。相对于目前的硅基芯片，石墨烯芯片运行速度大大加快，可以用来做更好的图像识别，甚至包括控制高超音速飞机系统。

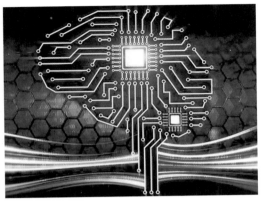

石墨烯芯片模拟图

"导热之王，趋利避害"

低维纳米碳材料，由于自身极高的弹性常数及声子平均自由程，具有超高的热导率。石墨烯作为一种结构独特的二维纳米材料，因其在未掺杂情况下载流子密度较低，因此石墨烯的传热主要是靠声子的传递，而电子运动对石墨烯的导热可以忽略不计。科学家通过非接触光学方法测量到单层石墨烯的室温热传导系数为 5 300 W/m·K，是被公认具有优异导热率金刚石的 3 倍，更是室温下常用金属铜的热导率的 10 倍以上。因此，石墨烯可用作高功率电子器件的散热材料，大大提升电子器件的性能。如果把石墨烯导热膜贴在手机背面，我们的手机从此将不会"烫手"啦。

石墨烯优异的导热性能使得它成为非常有应用前景的自发热材料。比如可以用作家庭采暖地板材料、自发热穿戴产品等。寒冷的冬季，只要我们穿上一件薄薄的含有石墨烯薄膜制成的衣服，就再也不用担心被冻感冒了。

石墨烯除了在力学、电学、光学、热学等领域具有超常特性之外，还具有特殊的磁学性能及催化作用。比如由于石墨烯片层

石墨烯导热膜

你的手机从此不烫

石墨烯手机散热膜

石墨烯智能导热服

边缘及缺陷处有孤对电子，这使石墨烯具有铁磁性等磁学性能；石墨烯巨大的比表面积以及缺陷处的化学活性也赋予了它独特的催化特性。这使得石墨烯在电磁波屏蔽（隐身材料）、化学催化、环保等领域具有广阔应用前景。

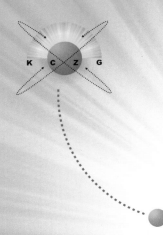

无所不能的石墨烯

石墨烯无与伦比的力学、电学、光学、热学等神奇特性，令科学家们兴奋不已，更加期待石墨烯在众多领域一展身手。那么石墨烯到底能做什么呢？又会带给我们的生活怎样的影响呢？下面让我们走进石墨烯带给我们的精彩世界。

电池的"新衣"

锂离子电池是伴随着金属锂电池发展起来的，与传统的化学电源相比，锂离子电池具有工作电压高、比能量高、自放电率低、循环性能好、无记忆效应、对环境友好等优点，锂离子电池必将在便携式电子设备、空间技术、电动汽车等领域迎来广阔的发展空间。在锂离子电池发展进程中，与石墨烯有关的新闻或者研究成果都受到了极大的关注。

石墨烯在锂离子电池中到底能发挥什么样的作用呢？让我们先从锂离子电池的结构说起。锂离子电池主要由正极、负极、电解质以及隔膜组成。它主要是依靠锂离子在正极、负极之间的来回移动来实现反复充放电。而石墨烯具有独特的单片层结构，同时它有非常高的导电率和良好的倍率性能，将其应用于锂离子电池负极材料中，可以大幅度提高负极材料的电容量和大倍率充放电性能。基于这样的理念，科学家们研制成了基于石墨烯电极材料的锂离子电池。研究人员发现采用石墨烯聚合物电极材料的电池储电量达到目前市场最好产品的 3 倍，而充电却不到 8 分钟，

基于石墨烯电极材料的锂离子电池产品

用此电池驱动电动车最多甚至可行驶 1 000 km。此消息一出,在锂电界引起了很大的反响。

鉴于石墨烯巨大的应用前景,目前全球有 200 多家公司涉足石墨烯的相关研究和开发。石墨烯实现的科研成果震惊世界,不少国家都在产品研发上取得了突破性的成果。中国的科学家采用石墨烯基复合电极材料开发出容量可控的锂离子电容器。新型锂离子电容器仅需 3～5 分钟即可充满原需充电 10 个小时的电动自行车。这样看来我们的 OPPO 手机"充电五分钟通话两小时"就不足为奇了。

"大胃王"石墨烯电极

随着节能环保要求的不断提高,新能源汽车已经成为国家的战略新兴产业。而新能源汽车的动力技术可谓重中之重。锂离子电池因为能量密度大、输出电压高、自放电小、无记忆效应等优点,成为新能源汽车动力电源的首选。那么,为了满足新能源汽车的应用需求,锂离子电池需要具备哪些特点呢?首先作为车用动力的锂离子电池需要有较高的能量来保证汽车的续航里程,同时需要具有高倍率充放电特性来保证汽车的快速充电和瞬间大电流放电能力。

高能量特性可以通过提高组成锂离子电池的电极比容量、电极活性物质的含量等手段来实现。目前常用的锂离子电池负极材料为石墨。随着锂离子电池能量密度的不断提升,石墨作为负极材料要达到 372 mAh/g 的比容量已经略显吃力($6C+Li^++e \rightarrow LiC6$)。新一代高容量负极的开发日趋紧迫。2008年,EunJoo Yoo 等利用剥离块状石墨晶体得到约 10～20 层,厚 3～7 nm 的石墨烯片层并用于负极,在 50 mA/g 的电流密度、0～3 V 的电压范围内获得可逆容量是 540 mAh/g。之后,有报道称:利用不同方法制备的不同层数、不同形貌、不同结构的石墨

烯的储锂容量可以达到 1 100 mAh/g 为现今广泛使用的石墨负极比容量的 2 倍以上。石墨烯本质上也是石墨，为什么具有高于石墨的比容量呢？这与石墨烯的微观结构和形貌有关。石墨烯的结构为远小于石墨尺寸的微纳米量级单层或多层二维平面晶体（石墨与石墨烯的结构对比如下图所示），具有超大的比表面积（单层石墨烯高达 2 630 m²/g），锂离子可以存储于石墨烯的两侧，同时石墨烯微孔、介孔和缺陷部位的存在都可以增加石墨烯的储锂能力，就像小小的个头拥有超大的"胃"。

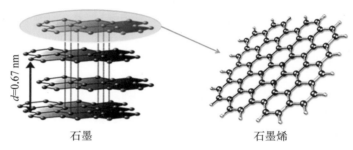

石墨与石墨烯结构对比

另外，因为石墨烯本身具有优异的导电性能，所以，将石墨烯用作锂离子电池的负极材料，一方面可以减少导电剂的用量，提高电极配方的活性物质比例，从而提高锂离子电池的容量；另一方面石墨烯本身优异的导电性可以为锂离子电池充放电过程中极片的电子传递提供快速通道，大大提高电池的倍率充放电性能，减少充放电时间。上述优点均使石墨烯成为动力锂离子电池

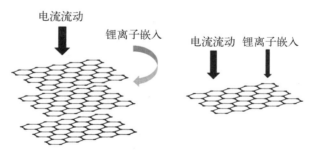

沿电流方向的石墨和单层石墨烯的取向

负极材料开发的重点研究对象。

石墨烯超大的比表面积虽然会大大提高石墨烯的储锂能力，但是，石墨烯层间的范德华力容易导致石墨烯重新堆积，而且超大比表面积带来的表面缺陷及官能团的增加会在充电过程中使电解质在石墨烯表面发生分解，形成 SEI 膜，导致库伦效率偏低，从而影响石墨烯的电化学性能和循环稳定性。这也是目前石墨烯电极还没有产业化的原因之一。国内外大批科研人员都在为改善石墨烯的表面化学性能寻找最优途径以实现稳定石墨烯的规模化生产，推动新能源汽车产业的飞速进步。

"绕指柔"石墨烯

过渡金属氧化物如 Fe_3O_4、Co_3O_4（以下简称金属氧化物，$600 \sim 1\,000$ mAh/g）、硅（4 200 mAh/g）等因为具有较高的理论比容量而成为锂离子电池研究者们普遍关注的材料，但是"人无完人"，这些材料电子传导速率偏低，且在充放电过程中存在严重的体积效应，导致倍率充放电性能和循环性能较差，从而影响其在锂离子电池中的应用。石墨烯因为具有良好的抗拉强度和弹性模量，并且拥有优异的导电性能，所以，合成石墨烯-金属氧化物、石墨烯-硅等复合材料就成为改善高容量金属氧化物基电池或硅基电池倍率性能和循环性能的方法。

以石墨烯-金属氧化物复合材料为例，利用石墨烯的柔韧性及其二维平面结构，使金属氧化物在石墨烯表面成核、生长、结晶，从而形成尺寸和形貌可控的具有高活性的纳米结构复合材料。该复合材料作为锂离子电池的负极，在充电过程中，锂离子嵌入金属氧化物使其体积产生膨胀的趋势，此时作为基体的石墨烯就像一根有弹性的绳子一样将金属氧化物包裹住，约束其在锂离子嵌入过程中的体积膨胀，在放电过程中，作为基体的石墨烯又像金属氧化物的防护墙，防止其因为锂离子的脱出而产生结构

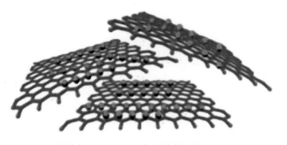

石墨烯-Co$_3$O$_4$复合材料结构示意图

坍塌。这样在充放电过程中，伴随着锂离子的嵌入脱出，金属氧化物的体积变化就会大大减小，从而提高金属氧化物在充放电过程中的结构稳定性，改善大容量电池的循环性能。

另外，石墨烯大于 15 000 cm^2/（V·s）的电子迁移率使其具有优异的导电能力，且其超薄的厚度大大缩短了锂离子的扩散路径，在石墨烯-金属氧化物复合材料中，金属氧化物周围布满了石墨烯，充分降低了金属氧化物导电能力差、石墨烯容易重新堆积的缺点，发挥了金属氧化物容量高、石墨烯导电能力强的优点，实现两者的协同互补效应。

目前石墨烯-金属氧化物、石墨烯-硅等复合材料的制备方法多样，两者协同效应的机理有待进一步深入研究，制备方法的工业化实现也还需要进行大量的研究和验证。

会飞的机器人

无人驾驶飞机简称"无人机"，是利用无线电遥控设备和自备的程序控制装置操纵的不载人飞机，被誉为"空中机器人"。随着集成电路和数字控制等技术的发展，许多国家已将无人机技术作为主要发展方向进行研究，无人机技术必将成为未来各国技术竞争的又一重要领域。高新技术已大规模应用到其研制与发展上，新型碳材料的使用可大大减轻机体重量以及提高钛合金的导热系数。石墨烯作为一种有可能颠覆未来技术发展的战略性新兴材料，拥有质量轻、强度高、导热性优良等特点，发展正当其时，可用于高速飞行器研制。

　　目前，科学家们致力于将石墨烯应用于无人机和航空产业领域，并已研制出一架用部分石墨烯材料制造的无人机且进行了飞行测试，测试了石墨烯对无人机机翼的阻力与散热性能的影响，未来还希望通过石墨烯让其他航空航天设备免受雷击的影响。我国与世界站在了同一起跑线上，科学家们认为未来高速飞行器需要更轻、导热性能更好的钛合金，通过与石墨烯复合可显著提高钛合金的导热系数和强度，大幅提升钛合金的综合性能。因此，石墨烯增强金属结构材料在下一代飞机研制、航空发动机高温部件制造、未来高速飞行器研制等方面具有极高的应用价值。

无人机

散热小能手

　　电动汽车作为一种新型节能减排的交通工具，被视为实现汽车产业可持续发展的重要载体。电动汽车给我们的生活带来了许多便利，对环境的保护也做出了一定的贡献，但是，它与汽车相比许多性能仍有很大的差距。目前电动汽车的续航里程、运行速度以及在极限条件下的使用都存在许多棘手的问题亟待解决。石墨烯作为新型材料出现在世人面前，科学家们开始思考石墨烯是否能为突破电动汽车的发展瓶颈助一臂之力？当前电动汽车发展遇到的问题，归根到底还是电池的问题，石墨烯已经为提高电池容量及充放电速率做出了很大贡献，还能做些什么呢？电池在充放电过程中会产生热量，如果不能及时将这些多余热量从电池体

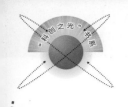

系中移除，势必会降低电池的效率和寿命，帮助电池散热是解决电动车困境的一条有效途径。聪明的科学家们注意到了石墨烯还有个过人之处，那就是它那无与伦比的导热率，它可以作为散热材料来实现锂离子电池与环境间的高效散热。经过研发探究，采用石墨烯散热材料可以使高温锂离子电池的使用上限温度提升10℃，使用寿命提升到高温锂电的2倍。即使在气候炎热、停电较为频繁的非洲、中东、东南亚部分地区，使用寿命可达到4年以上。该技术还可用于在高温环境中实现持久续航、自由加速等技能。研究者认为这一技术突破还可广泛应用于无人机，让无人机完成暴晒下的探查作业、安全飞行。

电子产品的降温神器

一到夏天，手机、平板电脑等数码产品就成了发烧友们又爱又恨的宝贝！平时无论走到哪里，都可以随时拿出来把玩一番。然而，到了夏天后，室外的高温使得散热情况本就不甚理想的数码产品，拿在手里简直就像一个烫手的山芋，而且其性能也会随着温度的上升而迅速下降，真是让人又爱又恨。

一直以来，铜质、铝质等传统散热器的散热效果被广为接受，然而金属材料存在难以加工、耗费能源、密度过大、易变形以及废料难回收等诸多问题。近年来具有高导热系数的石墨散热膜逐渐占据电子器件散热的市场。目前，石墨散热膜已大量应用于通信工业、医疗设备、笔记本电脑、中兴手机、三星 PDP、PC 内存条、LED 基板等散热。随着石墨烯

散热问题是手机研发的一项技术难题

的发现，人们发现与石墨相比，石墨烯散热膜具有更加优越的散热性能及突出优势。

目前散热膜一般分为：天然石墨、人工石墨、碳纳米管以及石墨烯散热膜。其散热的方式有三种：热传导、热对流以及热辐射。

首先，石墨烯散热膜具有比石墨导热膜更加快速转移热量的能力。其次，石墨

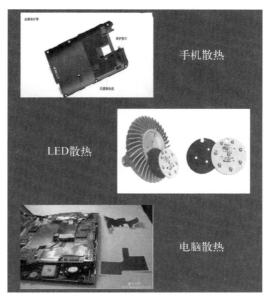

手机散热

LED散热

电脑散热

散热膜的应用领域

烯散热膜外观与锡箔纸相似，具有极佳的柔韧性，可任意折叠，可用剪刀剪成任意形状；此外，石墨烯薄膜厚度可控制在 25 μm 左右甚至更薄，相当于普通 A4 纸厚度的 1/3，更适宜高功率微纳电子器件的散热。科学研究显示该产品相较于常用的铜散热材料将提升 4～6 倍的散热效果，并具有良好的可加工性。

最近，瑞典的科学家研究出了首例硅基电子设备石墨烯散热膜，可以将信息处理器内发热区的工作温度有效降低 25%，从而极大地延长了电脑和其他电子设备的使用寿命。这项发现突破了传统的技术屏障，为未来电子设备小型化的发展打开了一扇新的大门。

电极界"皇帝的新衣"触摸屏

小时候，我们常被童话故事《皇帝的新装》里那个被两个小裁缝戏弄的皇帝惹得哈哈大笑。如今，石墨烯以自身柔性、透明

的特质使电极界的"新装"横空出世，让童话变为现实，它以其优异的性能受到越来越多的人的青睐。从液晶面板、触摸屏到电子纸、太阳能电池，透明电极材料越来越成为左右新科技向前发展的关键。目前应用于透明电极的材料为金属氧化物，如氧化铟锡、氧化氟锡等，被形象地称为导电玻璃。虽然现在导电玻璃应用广泛，但还是存在一些缺点，比如它们很容易吸收红外光，却又在温度较高（300℃）的环境下内阻增加，而且用作太阳能电池电极时，需要在表面上涂上一层铂来增强它的导电性，这样就大大增加了制备成本。导电玻璃的这些缺点制约了它在很多领域的发展，人们急需一种可以替代导电玻璃或者替代铂金的材料。石墨烯恰好是这样一种超薄、透光性好、导电性能优异而且柔软可弯曲的材料，成为近年来热门的金属氧化物电极替代材料，可以说是电极界"皇帝的新衣"。科学家们希望利用晶莹剔透的石墨烯照亮人类未来。

随着人类社会的不断进步，人们对新科技的需求日益迫切。新型透明电极材料是提高产品附加值、降低产品成本、满足人类需求的撒手锏。通过用新型透明电极材料来替代现有的ITO，可提高电子器件的特性、降低成本。比如触摸屏在生活中是很常见

新型透明电极材料的特点及应用领域

的电子器件，是我们最常接触的手机、平板电脑等电子设备中最重要的部件之一。随着科技的进步和电子产品的不断发展，人们对触摸屏的要求也越来越高，比如许多科幻大片中的可弯折触摸屏。石墨烯具有很好的柔性、可弯曲，且透光性极好，这使

采用石墨烯技术可以让手机屏幕变得弯曲、折叠

它理所应当成为触摸屏电极的"候选人"。科学家制备出导电性能优良和透光率高达 97.4% 的柔性石墨烯材料，用作触摸屏透明导电电极，完全可以替代导电玻璃，而且性能优于原有的氧化铟锡材料。

氢气的"保险箱"

氢能源作为新型环保能源，在化石能源（石油、天然气、煤等）日益枯竭、环境污染越来越严重的今天，成为人类社会发展过程中解决能源困局的重要"候选人"。氢能源具有清洁、高效、可再生等优点，越来越受到各国科学家们的重视，然而，在氢能源的利用中，氢气是可燃性气体，易燃易爆。传统的储氢方式是高压和液化方法，但是，由于存在严重安全隐患和高成本而无法满足许多实际应用的需要，因此，安全、高效地存储氢气成为一大难题，也是目前制约氢能源使用的核心问题。

在众多储氢材料中，碳基储氢材料由于稳定性好、孔道结构丰富以及可反复利用等优势脱颖而出，尤其石墨烯以其拥有的高比表面积成为储氢界材料的"佼佼者"。因此，近年来科学

家们开始更多地关注吸附储氢方法，这种储氢方式安全可靠、存储容器质量轻、存储效率高。利用碳材料来吸附氢一般来说是利用物理吸附原理，将氢气分子吸附在表面，但是研究证明普通石墨烯和氢气的结合能很低，此方式使储氢材料不能吸附太多的氢。因此，需要对石墨烯结构进行改性加以修饰。改性的方法有很多，比如，掺杂碱金属锂可以获得较高的储氢密度；掺杂非金属硼等可以有效增强稳定性，避免团簇的发生；利用过渡元素钪、镍等修饰或掺杂后可使吸放可逆过程在较温和的条件下进行。

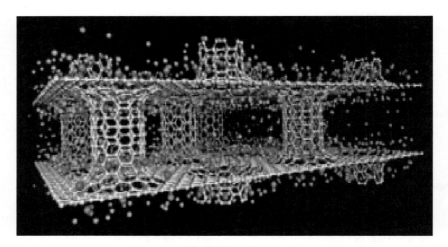

石墨烯储氢示意图

2016 年，科学家们使用原子层级厚度的石墨烯材料包裹氢氧化镁，从而提升了储氢性能。石墨烯天然的孔隙结构可屏蔽氧气、水蒸气及其杂质，但允许分子粒径更小的氢通过，这有助于提高储氢材料稳定性。石墨烯覆盖的氢氧化镁薄片变成吸氢"海绵体"，使储氢罐中的氢气以低压的形式储存起来。而纳米薄片的引入可以提高加氢速度以及减小储氢罐体积，美国伯克利实验室创建了石墨烯纳米封装结构，其大小只有 3～4 nm，这是快速捕获与释放氢气的关键，材料表面将有更多有效面积参与反应。

对于氢气这样重要的能源，我们当然要想办法把它安全运

使用原子层级厚度的石墨烯材料包裹氢氧化镁

输、正确运用好，石墨烯就像一个可以存储氢气的保险箱，而对其各种修饰和改性就像为这个保险箱设计了不同的密码锁，使其更安全、更高效。

国家安全的"永电机"

2017年4月26日，中国第二艘航空母舰在中国船舶重工集团公司大连造船厂举行下水仪式，这标志着我国第一艘真正意义上的国产航空母舰诞生了，圆了我国多年的航母梦。

从现在世界各国航空母舰发展现状来看，目前航空母舰的动力系统主要是核动力、蒸汽轮机、燃气轮机和全电推进系统（正在建造）。有专家指出从作战效益来看，核动力航空母舰由于其几乎无限的续航能力拥有较大优势。但是，核动力最重要的一个弊端是安全性问题。核动力一旦出事故可能比核反应堆更难控制。然而，作为一种超材料，石墨烯可以做成超级电池，可以储存相当大的电力能量，而且储存的速度非常快，这将颠覆一个动力革命的旧时代，创建一个动力革命的新时代——"永电机时代。"

现在的动力系统都是将化学能转化为动能，类似发动机系统，能量在运行过程中都被浪费掉了。而如果变成发电机系统，把运行过程中产生的所有能量转化为电力系统，再运用石墨烯的超级存储功能，那么边航行、边运行、边产生动力系统、边把动能转化为电能、边把电能储存为动能，这样就能形成永续电机系统。当然这种系统只存在于不考虑任何能量消耗的理想状态下，而现实当中是很难实现的。即便如此，有石墨烯的鼎力相助，性能更出色的航母很快就会变为现实。

"快充达人"超级电容器

多功能集成电路的不断发展对微纳储能系统的小型化、集成化提出了更高的要求。因此，微型超级电容器越来越受到人们的关注。微型超级电容器因具有轻量化、厚度薄、体积小、功率密度高、循环寿命长和频率响应快速等优点，受到广泛关注。石墨烯因其独特的二维结构和出色的本征物理特性（超高的电子迁移率、优异的导电性、巨大的比表面积等）在能量储存和释放过程中具有得天独厚的优越性，这使得超快超级电容器成为可能。

以前的装置设计是将一层层石墨烯堆叠在一起形成电极，然而，这种做法在电子电路上并不起作用。科学家们采用一种能够轻松制造微型超级电容器方法——密集型光刻技术，比传统装置成本低很多而且可以大面积生产石墨烯微型超级电容器。采用这项技术后，就能用廉价材料，在不到30分钟的时间里，在一个单一的光盘上生产超过100个微型超级电容器。在新设计中，

微型石墨烯超级电容器

研究人员以相互交叉的形式，把电极并排安装，类似于相互交叉的手指。这有助于扩大两个电极的可用表面积，并减少电解液里的离子需要传播的路径。微型石墨烯超级电容器的装置在充电或者是放电速度上均比常规电池快 100～1 000 倍。科学家们表示，这种利用单原子厚度的石墨烯制成的电池很容易生产，也很容易与电子产品结合到一起，甚至有可能促使更小的手机诞生。

美国科研人员利用石墨烯制作了具有超强功率的超级纤薄电容器，仅需几秒钟即可完成充电，而且由于它具备柔韧性的缘故，用户可将它折叠成球形或者圆柱体。在不久的将来，这种石墨烯材质的电容器或许将会淘汰普通电池。

微型石墨烯超级电容器可实现电子的快速传输和存储，被称为"快充达人"实至名归。另外，美国科学家还将石墨烯制作成了调制器，有望实现在 1 秒钟内便可下载一部高清电影。"快充达人"发挥作用的领域还有很多，期待石墨烯在未来能更好地为人类生活服务。

燃料电池的"能量守护神"

燃料电池是非常常见的电池之一，具有能量转化效率高、无须耗费充能时间、零排放、无环境污染等诸多优点。在日常生活

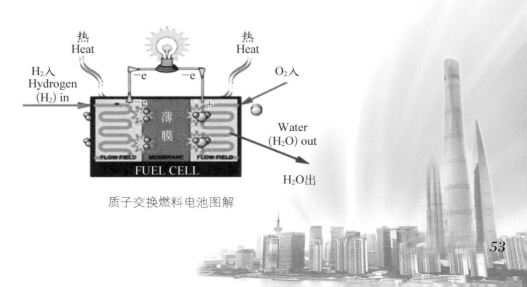

质子交换燃料电池图解

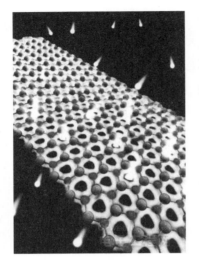

石墨烯薄膜材料质子输运概念图

中，我们知道氢气和氧气发生化学反应可以生成水，并放出大量的热，将输入的化学能直接转换为电能，这就是燃料电池的基本工作原理。质子传导膜是现代燃料电池的核心技术，然而当前应用于燃料电池的质子传导膜效率相对较低，且易发生燃料渗透，导致污染。以高阻隔性著称的石墨烯膜一直被认为能够隔绝任何分子和原子，科学家们发现石墨烯却对质子"网开一面"，质子能轻易地穿过这个超薄晶体，效果甚佳。而且，升高温度和加入催化剂可显著促进这一过程。基于这一特性，石墨烯有望成为燃料电池中质子传导膜的新型理想材料。石墨烯质子传导膜只允许质子穿过，因此能够高效地收集氢气，且纯度非常高，显著提高发电效率与耐用度，因此，建造出可移动的零污染发电机或许指日可待。

燃料电池反应的"兴奋剂"

燃料电池的特点是利用氢气和氧气间发生化学反应而产生电能，实现了发电过程绿色环保。燃料电池的能量转换效率在50%以上，只需要不断为其供应燃料和氧化剂，反应就可继续下去，但反应进行离不开电极催化剂。常用的催化剂为贵金属铂金，然而铂金资源缺乏、成本昂贵，科学家一直在寻找一种成本更低、催化效果更好的催化剂。石墨烯的出现为燃料电池的发展开辟了一条宽敞的道路。科学家研究了石墨烯作为载体材料与贵金属，二元（指两种不同的金属元素）、三元合金复合催化效果，发现石墨烯不但可以作为燃料电池中金属催化剂的载体材料，而且还

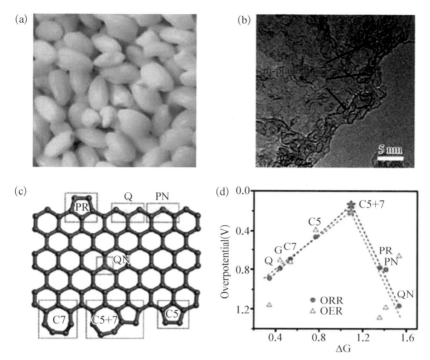

糯米碳化所得掺氮石墨烯筛网材料的氧化原活性和拓扑缺陷的作用

发现对石墨烯和氧化石墨烯材料进行一定的处理和改性后,其本身也具有良好的催化活性。

石墨烯催化剂性质稳定,易与反应产物发生分离,可以在较低的反应温度下活化有机小分子的 C—H 键,并且转化率和选择性都比较高。在某些反应体系中石墨烯可以替代贵金属催化剂,且还可以实现化学反应的绿色化。例如通过掺杂氮的石墨烯可以催化还原硝基苯酚,该催化剂活性与常用的贵金属相当,价格便宜,可重复使用。另外作为催化剂,氧化石墨烯可以催化多种类型的化学反应,其含氧基团一般作为氧化石墨烯的活性中心。而且通过进行氮掺杂并优化掺杂程度和结构,可以大幅提高催化剂的电化学性能。

石墨烯材料能够为燃料电池化学反应的进行提供更多的优良条件,提升了燃料电池的效率,为节约能源做出了巨大贡献。

两用"魔法棒"——石墨烯电容电池

超级电容器充放电属于物理过程，功率密度大，最大优势是满足瞬时大电流放电。而电池放电是化学过程，优势在于其持续的放电能力、大的能量密度。若将超级电容器和电池并联使用，是否可以充分发挥两者的优势呢？于是，科学家开始探究这种"魔法"的存在，新型的石墨烯电容电池的研制成为研究热点。有科学家研发了一款"石墨烯聚碳超容电池"，其实就是锂离子电池和超级电容器的结合体。从理论上来说，锂离子电池和超级电容的某些性能可以达到互补。在石墨烯电容电池中，流动的电子在石墨烯中更快穿过，超过它穿过溶液的速度，因此电容电池具有充放电速度快，以及效率高、循环寿命长、安全性高等优良特性。石墨烯电容电池有望取代磷酸铁锂电池、三元锂电池和锰酸锂电池等这类产品。基于石墨烯电容电池的特殊性能，在某些应用领域，可将电容器和锂电池并联使并发挥更大作用。

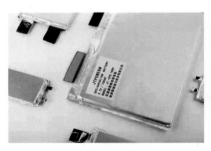
高性能新型电池

石墨烯聚碳超容电池

"遁形隐身"的好帮手

隐形对于一般人来说都不陌生，虽然这些说法大多数来自小说和神话，但是在现实生活中也不乏隐形的例子。比如说变色龙就能够通过改变自己的颜色来进行隐形。现在，科学家通过研究仿生学，并且应用了最新的技术和材料，终于在庞大的飞机上也实现了隐形。

隐形飞机的隐形并不是让我们的肉眼看不到，它的目的是让雷达无法侦察到飞机的存在，因此，隐形飞机研制过程就是设法降低其可探测性，使之不易被敌方发现、跟踪和攻击。其原理就是通过涂覆在机身表面的吸波材料吸收投射到它表面的电磁波能量，并转换为热能或其他形式的能量，从而使对方的各种探测系统（如雷达等）发现不了己方的飞机，无法实施拦截和攻击。

目前，反雷达隐身材料的原理可以分成三类：第一类是材料吸收雷达波后，以能量损耗的方式将电磁能转换为热能而散发；第二类是材料将雷达波迅速分散到装备全身，降低目标反射的电磁波强度；第三类是通过材料上下表面的反射波迭加干涉，实现无源对消。随着科学的发展，人们对吸波材料的要求越来越高，而传统吸波材料（铁氧体、石墨、陶瓷类材料等）的主要缺点是密度大、吸收频带窄（仅对很窄波长范围的波有吸收作用）等，不能满足吸波材料"薄、轻、宽、强"的要求。与传统材料相比，石墨烯具有的吸波性能和特性都是其他材料所不具备的，它可以突破原有的局限，因此，近年来石墨

B-2 隐形轰炸机

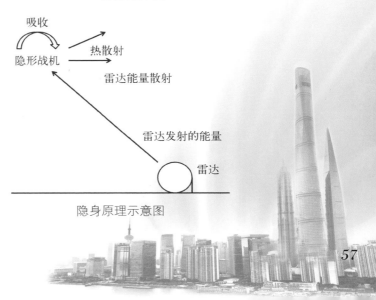

吸收

隐形战机

热散射

雷达能量散射

雷达发射的能量

雷达

隐身原理示意图

烯逐渐成为该领域的研究热点。目前，石墨烯作为电磁干扰吸波材料在国内外都处于初级研究阶段。

根据吸波材料的需要，人们为了提高石墨烯的吸波性能，对石墨烯进行了改性。2013年，美国科学家制备了石墨烯基红外隐身涂层，通过改变反射光的波长来实现红外隐身。这种材料可大面积涂覆于结构和平台表面，实现军事伪装，从而让飞机消失在雷达的视野里。

美国研究团队将环氧树脂（有机化合物）涂层与石墨烯纳米带相结合，得到了一种特殊的涂层材料。将其涂在直升机旋翼桨叶的边缘上并施加一个小小的电压，涂层表面产生极高的温度电热，能融化1 cm多厚的覆冰。另外，这种涂层还可为飞机提供电磁屏蔽层，保护飞机免遭雷击。

随着吸波材料的快速发展，吸波材料的性能也需要提高，而石墨烯具有的特殊的性能和结构，相信它将在这一领域会大放异彩。

航空工业的"助推剂"

石墨烯优异的力学性能、热性能、电性能和阻隔性能在航空航天和汽车领域都至关重要。石墨烯被认为是世界上强度和硬度最高的材料，完整的石墨烯结构具有很高的抗拉强度。石墨烯可作为热塑性塑料和热固性塑料（一种高分子材料）中的纳米填料，添加少量的石墨烯就能显著地提高高分子材料的抗拉强度和弹性模量，并能减轻其重量。比如添加石墨烯材料的飞机机翼的抗冲击性能要比传统碳纤维机翼高出60%。通过开发石墨烯上浆剂，将石墨烯引入碳纤维复合材料界面层，抑制界面层中裂纹的萌生，从而可大幅提高碳纤维复合材料的强度和韧性，扩大其应用范围。当铝基复合材料中加入10%以上石墨烯时，石墨烯铝基复合材料可制备具有轻质、高模量、高强度的高性能结构材料，广泛用于直升飞机桨毂以及目前铝基复合材料研发所瞄准的

首架采用石墨烯增强机翼飞机在英国成功试飞

各类飞机结构。

2016 年欧洲复合材料展览会上，第一架采用了石墨烯增强机翼的模型飞机 Prospero 在展会上亮相，并在英国范堡罗国际航展成功飞行。该次飞行为石墨烯在航空航天领域的应用做出了示范，标志着学术界和工业界的合作研究进入一个新阶段。

英国的物理学家研制出的这架飞机覆盖了原子厚度的添加石墨烯的涂层。研究人员认为这能让飞机飞得更高、更节省燃料，石墨烯优异的导电性能甚至能保护飞机免遭雷击。航空专家也指出超导热的包覆涂层可以防止飞机的机翼过热，尤其是可以防止

在强光照下，产生严重的损伤。目前空客和波音均对石墨烯很感兴趣，将其视为振兴航空工业的法宝。

防弹材料"家族"的新秀

目前，防弹材料的防弹层多用金属、陶瓷片、玻璃钢、尼龙、凯夫拉、超高分子量聚乙烯纤维等材料，构成单一或复合型防护结构，在保证良好防弹效果的同时很难兼具轻便及舒适等特点。石墨烯是目前已知最薄、最强韧的材料，断裂强度比最好的钢材高 200 倍，如用 0.1 μm 厚的石墨烯膜制成包装袋可承受 2 t 重物品的压力。

防弹衣材料

科学家们在防弹实验中，发现石墨烯制成的防弹衣拥有 2 倍于现有防弹衣技术（凯夫拉纤维）的防护能力，能够完全抵消来自钢弹头的高速动能量。2014 年 12 月，美国研究人员做了一个有趣的实验。他们通过发射一颗以 3 000 m/s 的速度运行的微小的硅粒，冲击不及头发 1/10 厚度的单层石墨烯。因为石墨烯的蜂巢形结构可有效分散动能，当硅粒冲击到石墨烯上后，抛射出的能量减弱了，因此很难穿破石墨烯层。测试证明，宏观层面的石墨烯防弹衣将拥有非常强大的防弹能力。如下图所示，石墨烯吸收了撞击的能量，本身变形成一个圆锥的形状，并向多个方向外扩散。

防弹衣材料

石墨烯防弹衣更轻巧，防护能力更强

石墨烯具有优越的力学性能，在抗弹防护方面具有广泛的应用前景。将石墨烯与其他轻质高强材料复合，有望获得高性能轻型装甲系统。2015 年 5 月，意大利的研究人员发现石墨烯能显著增强蜘蛛丝的强度，复合丝可达天然蛛丝强度的 3.5 倍，是制作单兵防弹衣的高性能材料。

军事强国近年来纷纷用石墨烯代替凯夫拉、芳纶等材料，着手打造新型铠甲防护装具。实验数据显示，石墨烯可迅速分散冲击力，并能中断通过材料的外展波，承受冲击的性能远胜钢铁和凯夫拉等材料。

目前，石墨烯依然不能单独制成强有力的材料，但是能以多层编织到复合结构中，这样就能制止其受弹击后向外碎裂的过程。石墨烯基的复合材料将成为防弹材料"家族"的新秀，并得到广泛的应用。

3D 打印界的"超级明星"

3D 打印技术，即三维打印技术，是一种以数字模型文件为基础，运用粉末状金属或塑料等可粘合材料，通过逐层打印的方式来构造三维结构物体的技术。它无须机械加工或任何模具，就能直接从计算机图形数据中生成任何形状的零件，从而极大地降低生产成本，提高生产效率。该技术在珠宝、航天、工业设计等方面都有应用。目前，市面上的 3D 打印材料以塑料、金属、陶瓷和生物材料为主。石墨烯，作为当今世界上最薄、强度最高的明星材料，如果它能够和 3D 打印相结合，势必会大大拓宽石墨烯的应用领域，极大地推动石墨烯产业的发展。

随着科技的进步，移动电子设备已经成为我们生活中不可或缺的一部分。但目前这类设备有一个明显不足之处就是续航能力不强，主要因为普遍采用的锂离子电池容量不高。采用 3D 技术可以有效解决这个问题。美国科学家成功采用 3D 打印技术制作了石墨烯超级电池。这种超级电池之所以具有如此优异的性能主要是因为 3D 打印工艺保持了石墨烯的层状结构，可以带来更大的比表面积，从而"锁住"更多电能。同时，由于石墨烯本身的特性，这种电池的充放电能力不会随着使用次数的增加而下降，而这正是其高寿命的原因所在。

最近，我国科研人员也报道了一种以氧化石墨烯-聚苯胺（GOP）为主要成分的石墨烯复合材料。这种复合材料具有极强的可塑性和一定的流动性，采用 3D 打印技术可轻易加工成任何精美图案。

在国家战略指引下，我国石墨烯研发和专利持有量已在全球占有一席之地。目前，全球石墨烯产业正处于从早期研究向中期应用转变的阶段，石墨烯新材料的研发和产业进程将成为我国实现智造强国的关键支撑。当然，石墨烯 3D 打印技术尚处于起步的研究阶段，很多 3D 打印的石墨烯结构仍处于小尺寸范围。但

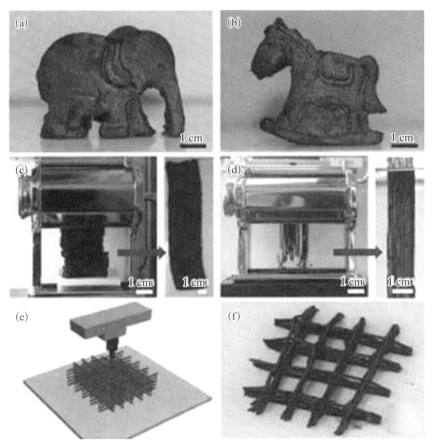

GOP 材料的挤压、注射成型示例

我们有理由相信在不久的将来石墨烯研究的重点必将聚焦石墨烯3D 打印领域。

人工喉——聋哑人的福音

除了在新能源、航天军工等领域的成功应用，石墨烯材料在医疗器材方面也有着广阔的应用前景。最近，我国科研人员通过对石墨烯材料的研究，研发了一种"智能石墨烯人工喉"，可以

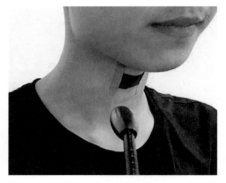

智能石墨烯人工喉

帮助聋哑人"开口说话"，为聋哑人的正常交流带来了福音。该研究成果具有重要的医学价值与巨大的应用前景。

这款"石墨烯人工喉"的发声原理主要依靠石墨烯材料的热学特性和力学特性。基于热学特性，石墨烯可以利用热声效应发出声音；基于力学特性，声音作用于石墨烯上会引起石墨烯电阻的变化，因此，石墨烯可以同时发出声音和接收声音，正是由于石墨烯的声音收发一体化特性，使得帮助聋哑人发声成为现实。

"智能石墨烯人工喉"使用了多孔石墨烯材料，这种材料具有高热导率和低热容率的特点，能够通过热声效应发出 100 Hz 至 40 kHz 的宽频谱声音。其多孔结构对压力也极为敏感，能够

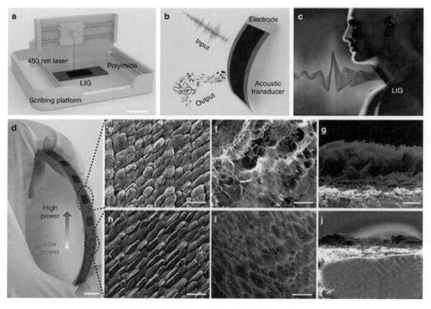

智能石墨烯人工喉工作原理示意图

感知人发声时喉咙处的微弱振动。"智能石墨烯人工喉"除了能够辨别不同音调，还能根据声音强弱、尖叫、咳嗽等声音震动，"解码"出不同聋哑人的"语言"，同时能够实现音节和音调的排列组合，让聋哑人"说"出更丰富的句子。

传统人工喉体量大、结构复杂，对于聋哑人来说佩戴起来比较麻烦，这款"智能石墨烯人工喉"具有超薄的结构，只需要贴到喉咙处即可工作，且具有良好的柔韧性和生物兼容性。可以设想，一旦这款"智能石墨烯人工喉"投入市场，它将会引起医疗领域的轰动，为聋哑人带来新希望。

小小"螺线管"，强大磁性能

螺线管是一种将电线缠绕在金属上制成的电磁体。当承载电流产生磁场时，螺线管就成了电磁铁。螺线管通常被应用于汽车、变压器、电路板等机电设备上。随着电子器件集成度的不断增强，电路中的电感器要求螺线管的尺寸越小越好。但是，目前的螺线管体积仍然太大，不能满足需求。

美国的研究人员发现了一种制备纳米级螺线管的方法，并在宏观尺度上证明了它的性能。螺旋状石墨烯纳米线圈能够产生强大的磁场，并可被用作纳米级电磁线圈。缩小螺线管尺寸的关键是寻找存在于自然界的原子层厚度的螺旋状石墨烯。

石墨烯结构中各碳原子之间的连接非常柔韧，

石墨烯纳米线圈

当施加外部机械力时，碳原子面就弯曲变形，从而使碳原子不必重新排列来适应外力，就能保持结构的高度稳定。此外，石墨烯稳定的晶格结构使碳原子具有优异的导电性。石墨烯的这些特性都特别适合制作纳米电磁线圈。科学家首先采用计算机模拟的方式分析了石墨烯纳米电磁线圈的可行性，结果表明这些纳米电磁线圈应该能够产生强大的磁场，并且在螺旋中心的纳米级空腔中磁场最强。研究人员从理论上证明了能量穿过六边形纳米电磁线圈的方式，而且，由于石墨烯没有任何的能带间隙（电子可在价带与导带之间自由移动），这使电流可以顺畅地通过石墨烯线圈。

美国华裔科学家使用纳米材料石墨烯最新研制出了一款调制器，这个只有头发丝 1/4 细的光学调制器具备的高速信号传输能力，有望将互联网速度提高一万倍，一秒钟内下载一部高清电影也将指日可待。

"净潭使者"——碳海绵

基于氧化石墨烯的可塑性，中国科学家成功制造出一种超轻物质——"碳海绵"。碳海绵是一种气凝胶，是以石墨烯为墙壁，碳纳米管为支架，两种材料的水溶液在低温环境下冻干，去除水分、保留骨架，最后形成的一种超轻材料。这种材料在真空中的密度仅是普通空气的 1/6，是迄今为止世界上最轻的材料。那么，这种超轻材料有什么用途呢？

实验结果显示碳海绵对有机溶剂有超快、超强的吸附力，是已知的吸附能力最强的材料。此外，它的弹性也令人惊喜，不仅可以任意调节形状，在被压缩 80% 后仍可恢复原状。

毫无疑问，一种新材料的诞生，往往能够带动一个产业的发展。随着碳海绵这一新生事物的面世，市场已经在热炒其将来在吸油、环保、航天、军工等方面的应用。碳海绵得以在这些领域

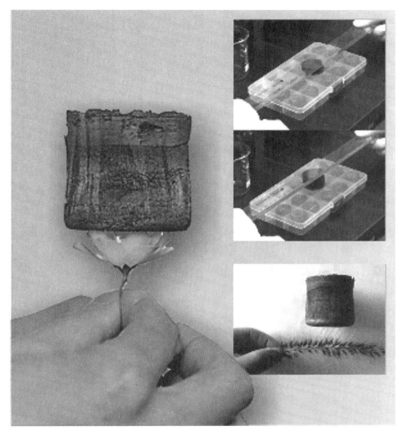

大的像网球、小的像酒瓶塞、黑的颜色，摸上去却很有弹性，一块如
瓶塞大小的碳海绵放到花瓣上，花瓣竟然毫无变化

应用，主要得益于其强大的吸附能力以及抗压缩能力。现有的吸
油产品，一般只能吸自身质量 10 倍左右的液体。碳海绵的吸油
能力达到自身质量的 400～500 倍，是目前已知的吸油性能最好
产品的 2～4 倍，而且基于实测数据，其理论值可达到 900 倍。
不仅如此，碳海绵可以选择性地吸油不吸水。除了强大的吸附
力，碳海绵吸收有机物速度也是其他同类材料不能与之匹敌的，
碳海绵每秒可以吸收 68.8 g 有机物，这也让它成为海上漏油应急
处理的不二选择。因为有弹性，吸收的油能够被压出来回收利
用，这使得碳海绵也可以多次重复使用。

目前，碳海绵的生产还处于初级阶段，由于配方以及制作工艺的熟练程度等原因，碳海绵制备的成功率不高。科研人员在优化碳海绵的制作工艺的同时，也对碳海绵的应用进行进一步的探索。由于碳海绵的生产成本很低，一旦得以大规模生产，作为理想的相变储能保温材料、催化载体、吸音材料以及高效复合材料等，碳海绵必将在这些领域发挥更加重要的作用。

小贴士

清洁油污，小试牛刀

2010 年，美国墨西哥湾原油泄漏事件，恐怕现在还令人心有余悸。当时让人头疼又无奈的是，海水油污清除作业效果不佳，遏制不了漏油对海洋生态造成的危害。

两年后，基于石墨烯的一种具有超高效吸附特性的超级材料——石墨烯海绵面世。该材料可用于清理海上原油泄漏、化学品污染，所吸附污染物最高可达其自身质量的 800 多倍，并且可循环使用 20 多次。这种石墨烯海绵被认为有可能成为石墨烯的第一种产业化应用，在化工和环保方面具有巨大应用前景。

科学家利用粗布破絮般的石墨烯材料做成多孔的海绵状结构，通过多种方法实现其微观结构的调控，以此来优化石墨烯海绵的吸附性能和力学性能。石墨烯海绵被成功用于快速清除海上漏油，实现了油水高效分离。另外，将石墨烯与商用海绵牢固结合，可得到具有较强机械强度的石墨烯基复合海绵。该海绵与负压系统结合，可实现连续油水分离，大大提高分离效率，降低使用成本。

石墨烯海绵成本低、油水分离效率高，治理由原油泄漏导致的海洋环境污染只不过是小试牛刀，相信它在污水处理、环境保护、空气净化等方面仍有广阔的应用前景。

高黏度海上浮油的"收集器"

水溅到桌上，可以拿海绵吸，如果石油泄漏到海洋里呢？我国科学家设计出一种具有原位加热和油水分离功能的石墨烯海绵，可快速吸附高黏度浮油。《自然·纳米技术》杂志以封面文章对这一成果进行了报道。

因具有成本低、吸附效率高、操作简单、环境友好等诸多优势，近年来多孔疏水亲油材料成为业界研究热点。然而，该材料仅对低黏度油品具有较高的吸附效率。海上石油泄漏时，短短几小时内，石油黏度就会增加上百倍，该材料难以快速吸附浮油。

为此，采用离心辅助浸渍涂覆技术，在商业海绵表面，均匀地包裹上石墨烯涂层，得到的石墨烯海绵不仅导电，还具有疏水亲油特性。研究发现，在石墨烯海绵上施加电压后，产生的焦耳热会迅速降低石油的黏度，从而提高石油在石墨烯海绵内部的扩散系数，大大提高石墨烯海绵对高黏度石油的吸附速度。

为提高电能的利用率，研究人员将加热区域限制到石墨烯海绵的底部，顶层的海绵和水面的浮油相当于隔热层，缓解热量向空气和水体中扩散，提高热量向石油传递的效率。在这种限域加热设计下，电能消耗降低了 65.6%，石墨烯的用量降低了 50%，吸油时间也只有常温石墨烯海绵的 5.4%。

捕水能手

水是生命之源，在气候干旱的地区如何获得足够的淡水关系到农业生产和人类生存等重大问题。我们通常说的干旱是指缺少液态水，但通常空气中含有一定量的水蒸气，这些水蒸气通过一些专用的技术手段可以转变成液态水。

比如，在 25℃、相对湿度为 60% 的空气中，每升含水约为 15.4 mL，看似微不足道，但由于我们周围充满了空气，将其收集起来，便可以临时解决缺水问题，为生产和生活提供保障。

那么，从空气中获得淡水有哪些技术呢？最容易想到的方法，可能是人工降雨，这是水蒸气变成水的动力学过程，目前在气象、农业上得到了应用。但这个方法的前提条件就是空气中的相对湿度要比较大，还要动用飞机、火箭等设备喷洒制冷剂或成核剂。此外，将空气冷却到 0℃ 甚至更低也是一种有效的取水于无形的方法。其原理也容易理解，比如沙漠等干旱地区，白天气温高、虽然相对湿度没有饱和、不会形成降雨，但将其引入到温度相对低的地表以下，这些热空气冷却后就可以获取液态水了。这也有点像我们夏天最常用的制冷空调，我们常常看到空调有个排水管，空调使用时不断滴水，其原因就是热空气中水蒸气冷凝产生的。

最近又发展了空气中获取水的新兴技术，即利用对水吸附能力很强的材料从空气中吸附水，再经过重力、挤压、加热等降水释放出来。这种技术可在常温下不依靠专用特殊设备来获取水，不仅可以调节空气中的水蒸气含量使身体感觉舒适，而且可望解决临时缺水、干旱地区的农田抗旱等难题。

日常生活中我们常常看到，在昼夜温差比较大的春秋季节，早晨便能观察到蜘蛛网上挂满了水珠，不少植物的叶子上也沾满了露珠，这便是空气中获取水的自然现象。受蜘蛛网凝结水珠的启发，20 世纪 90 年代有人发明了模拟蜘蛛网取水的装置。从空气中取水的基本原理是编织一张超大的网，让空气中的细小水珠遇到网线后凝聚成大水珠而被收集。美国研究人员经过仿生研究发现，决定雾气取水效率的因素有三个：网丝的粗细、网丝间距的大小和网丝表面的涂料。现有技术装置主要是由聚烯烃材料编织的网，虽然此网编织起来简单易行而且价格便宜，但往往网丝过粗、网眼过大等原因，效果并不理想，只能在轻雾状态下获得 2% 的取水率。只有当昼夜温差大，而且空气湿

蜘蛛网上的露珠

度也比较大，才能获取比较多的水，从实用的角度看，如何在湿度并不大，室温下获取较多的水是应用的关键。

德国科学家雷比盖尔为生活在沙漠中的人找到一种取之不尽的"天然水库"。他使用了吸附剂——一个大平面的聚合物类材料，它夜间能从空气中吸收水分，白天受热后释放出水来。1 m³ 大小的装置一昼夜可"生产"1 000 L 饮用水，第一个试验装置已在约旦投入使用。

金属骨架化合物便是一种吸附量大、容易加工的吸水材料，但如果这类材料单独使用，很容易成为块体，与空气中的水蒸气接触不充分，对水的吸附量不高而且吸附速度也不够快，利用石墨烯独特的二维结构可以大量负载这种金属骨架化合物，使其成为与水蒸气接触更加充分的片状结构。吸附水以后，可以结合太阳能电池给石墨烯供电后给复合材料加热，减压条件下，水变成水蒸气，冷凝后水便被收集，而且材料也得到了再生。

简单地说，利用石墨烯二维结构，来负载吸附能力好的化合物，复合材料更加轻盈、吸附能力更强更快，而且吸附饱和后，可利用石墨烯导电且电导率可调的特点，通过电加热的方法快速释放所吸附的水。这样，不仅再生了吸附剂而且水也被分

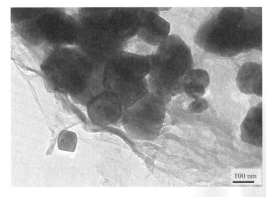

金属骨架化合物/石墨烯的透射电子显微镜照片，浅灰色为石墨烯、深黑色颗粒为金属骨架化合物

离出来，有望在军事、干旱地区农业灌溉方面发挥重要作用。另外，我国长江中下游地区 6 月中下旬持续高湿度的梅雨季节，用这种材料可以调节空气的湿度，起到保持室内环境舒适和除湿节能的双重作用。

咸水变甘泉——石墨烯电容去离子技术

地球表面 71% 为水所覆盖，但缺水引起的各种经济和社会问题频发，这是因为地表水中绝大部分是含盐量高、不能直接利用的咸水。我国的西部和北部地区、很多大城市也都存在严重的缺水问题。淡水是指含盐量小于 0.5 g/L 的水。地球上总水量约为 14 亿 km^3，但淡水储量仅占全球总水量的 2.53%，而且其中的 68.7% 又属于固体冰川，分布在难以利用的高山和南极、北极地区，还有一部分淡水埋藏于地下很深的地方，很难进行开采。所以，人类目前能利用的淡水资源很少，如何将咸水转化为我们生活和生产所用的淡水就变得非常重要和紧迫了。

离子交换树脂除盐技术是通过树脂中的氢离子、氢氧根离子分别被水中的阳离子、阴离子交换而实现降低咸水中离子浓度的成熟技术，需要专用设备、水处理量不高、树脂需要不断更换及再生是其工业应用中存在的主要问题。反渗透膜技术是 20 世纪 60 年代发展起来的一种新的膜分离技术，具有设备简单、操作简便、能量消耗少、处理效率好等优点。但反渗透膜处理压力为 15～100 个大气压，需要专用的高压设备，其对带电荷较多的离子的去除率为 96% 以上，去除率仍需要进一步提高。

电容去离子技术是一种新兴的常温常压脱盐技术，施加直流电压后，两个相对的电极便分别带有正电和负电，水流经过电极时，由于静电作用，阴离子向正极运动被富集，阳离子向负极运动而被富集，如下图所示。从原理上可以看出：电极材料须导电而且比表面积要比较高，这样才能较快、较多地吸附离子，我们知道在 1 M（摩尔每升）的酸性介质中，施加 1.29 V 的直流电压后，水便分解成氢气和氧气，考虑到氢离子浓度并不是 1 M，实际水分解电位要高出 1.29 V 不少，但毫无疑问，在较低的直流电压下脱盐是该项技术能够应用的关键。

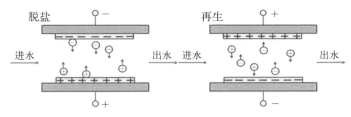

电容去离子的脱盐及再生示意图

石墨烯以独特的力学和电学特性被称为"神奇材料"，但其与水的相互作用却让人困惑：石墨烯表面排斥水，但浸入到水中的石墨烯薄膜毛细通道，却允许水快速渗透。石墨烯与水之间的这种"若即若离"的关系令科学家着迷。基于这种神奇的特性，英国研究人员开发出了一种新型石墨烯氧化物薄膜，能更高效地过滤海水中的盐。石墨烯本身可直接用于电容除盐电极，也可以作为添加剂添加到石墨中去。主要的优势有：除盐率高、再生容易及脱盐速度快等。比如：用聚四氟乙烯作为黏结剂制得的还原氧化石墨烯电极比传统的还原氧化石墨电极对 NaCl 具有更好的吸附特性。石墨烯与碳纳米管复合后，形成三维大孔，比表面积高、导电性好、离子扩散通道多。

总之，将石墨烯应用于电容除盐制水过程，具有独特的优势。理想的单层石墨烯是比表面积最大的材料，吸附能力非常强，更为重要的是即使是单层石墨烯，也具有优异的导电性能。采用化学氧化法制取的氧化石墨烯表面含有大量的碳氧键，这使其具有亲水性和更好的吸附能力，而且碳氧键的存在还可以与具有优异离子吸附性能但导电性较差的铁氧体等过渡金属氧化物结合形成复合电极材料。此外，单层的二维结构，易于加工，加工出来的电极还具有柔性，可以做成复杂、有利于吸附的形状，在

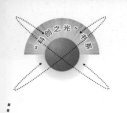

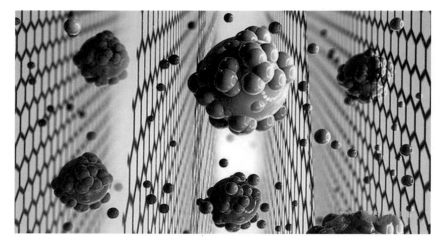

能够从海水中去除盐类物质的石墨烯氧化物筛网

脱盐工艺流程中，不容易粉化和脱落。石墨烯电极这些独特的优势使得石墨烯在"咸水变甘泉"过程中发挥了重要作用。

污水处理显身手

据国家水利部统计调查表明，2016 年我国的淡水资源总量有 32 466.4 亿 m^3，但由于庞大人口基数的原因，人均淡水含量远远低于世界平均水平，我国是世界人均水资源贫乏的国家之一。有专家估计，到 2025 年世界缺水人口会超过 25 亿。而且随着我国经济水平和工业化进程的不断加快，中国水资源污染现象日趋严峻，除了人们日常用水保护意识不够之外，更主要的是工业污水排放，尤其是违规排放，更加重了水污染。

水污染不仅危害人体健康，更是危及人类的未来。为此，我国政府已经建立起比较完善的水资源保护法律政策，如《中华人民共和国环境保护法》等法律，规范企业违规排放行为。除了加强立法完善水资源管理体制、树立全民保护水资源的意识之外，积极开发和研究水净化的新材料、新技术也是十分必要的。一方面可以寻找污水处理与利用的新方法，另一方面可以开发降低海水淡化成本的新体系，同时还可以发展光解水技术，以不能被人类直接利用的水资源和取之不尽、用之不竭的太阳能为原材料，直接将太阳能转化为无污染的氢能，从根本上解决能源短缺与环境污染问题。

作为一种新型的碳纳米材料，石墨烯具有化学稳定性好、比表面积大、导电性好、强度高以及可修饰性强等优点，不仅可以吸附污水中的重金属、有机污染物等，还可以用作催化剂载体，降解水中污染物。而且经过氧化处理过的石墨烯，可以在每一层的石墨烯单片上引入大量的含氧功能团如羧基、羰基、羟基、环氧基等，使其性质更活泼。氧化石墨烯用于水处理时，主要通过带负电含氧官能团的静电吸引作用力吸附重金属、阳离子染料和其他的带正电荷的污染物。此外，石墨烯可与过渡金属氧化物如氧化铁等纳米颗粒复合，有利于去除饮用水源中的砷、氟等污染物。例如，自然界中存在的萤石矿主要成分是氟化钙，它微溶于水后，水中的氟离子浓度便超过了安全标准。因为氧化石墨烯表面带有负电，所以并不能通过静电作用有效吸附氟离子等阴离子，但它通过与过渡金属氧化物复合使这些过渡金属氧化物在近中性及弱酸性条件下表面带正电，便可以吸附氟离子、砷酸根等阴离子了。

尽管石墨烯材料在污水处理方面有着非常优异的性能，但目前由于价格太高及工艺条件不成熟，在真正实际应用领域还很难投入大规模应用。随着石墨烯制备价格的降低，以及吸附效果的提高，石墨烯必将在污水净化、重金属离子吸附等领域发挥更大的作用。

防霾利器——石墨烯口罩

目前，空气污染日益严重，尤其在我国北方地区，由于气候比较干燥，空气中经常弥漫着细小的浮尘，而吸附在浮尘上面的

石墨烯抗雾霾口罩

成千上万的细菌，它们无孔不入，这显然极大地危及人类的健康。因此，一些防雾霾口罩和空气净化器应运而生。在这些产品中起关键作用的是滤心材料，大多依靠静电原理吸附 PM2.5。但遇到水汽或口鼻中呼出的雾气时，静电作用就会减弱甚至消失，从而降低了阻滞 PM2.5 的效果，达不到净化空气的目的。

石墨烯具有超高的比表面积和优异的化学稳定性，在空气净化上具有极大潜力。传统的滤材很难通过现有工艺制备出超小的孔径。科研人员将氧化石墨烯与传统滤材结合，首次成功制备出了能高效除霾的氧化石墨烯基滤材。由于该滤材对 PM2.5 的去除纯属物理阻隔，因此不受水汽影响，具有长期的稳定性。

另外，石墨烯骨架很薄且存在大量孔洞，因此，由其组装而成的多孔滤膜，内部孔道交错纵横，这样可以保证滤材在孔径大于 2.5 μm 时，依然能有效地截留 PM2.5，同时保证了滤材较低的呼吸阻力，解决了多数防雾霾口罩呼吸不畅的问题。目前，应用了石墨烯技术的防霾口罩已经上市。随着技术不断成熟和进步，高科技的口罩也会应运而生，让更多的人呼吸到更加清新、干净、健康的空气。

变废为宝——石墨烯光催化剂

气相催化范围很广，比如将二氧化碳转换为燃料等人工光合作用、将有毒有害的气态污染物甲醛、苯、甲苯等在室温下完全氧化为二氧化碳等过程。因此，气相催化在解决当今社会能源短缺和环境污染问题方面具有巨大潜力。随着人们环保意识的提高，科学家解决环境污染问题的兴趣日益增强，开始研究新颖、低价、环保可再生的绿色能源技术。近期研究表明，受温室效应的影响，全球气温将会随之升高，导致南北两极冰川融化、灾难性气候频发等一系列不良后果，威胁人类的生活环境，导致很多濒危物种的灭绝。为了减少二氧化碳的排放量，世界上每个国家和地区根据自己国家的国情制定了一系列降低碳排放的措施。此外，将二氧化碳科学安全的转化为可利用的化工原料是一种可行的、变废为宝的方式，具有十分广阔的应用前景。目前，二氧化碳转化存在技术上的可能性，但成本较高。因此，开发具有低能耗的二氧化碳转化为有机物的技术具有重要的研究价值和战略意义。

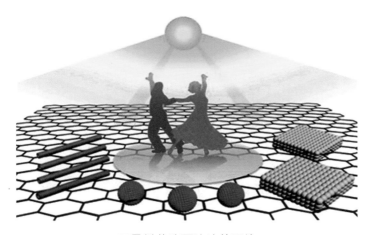

石墨烯营造更清洁的环境

近年来，光催化还原二氧化碳生成碳氢化合物技术应运而生，该技术既利用了可再生的太阳能资源，又可以将工厂和汽车等排放的二氧化碳收集并还原为化学燃料而加以利用。该光催化过程所使用的半导体 n 型光催化材料在太阳光的激发下产生光生载流子，诱发催化剂催化还原二氧化碳和水合成可利用的碳氢燃料。

石墨烯基催化剂由于具有活性位多、催化效率高、反应条件温和等特征，在气相催化中越来越受到关注。石墨烯独特的单层

二维结构，使其很容易被其他原子掺杂而显示出金属或半导体的特性。此外，其优良的导电性能和巨大的比表面积，以及独特的半整数霍尔效应、独特的量子隧道效应、双极电场效应等一系列特性，可极大地改善复合催化材料的光催化性能。尤其是优良的导电性能和巨大的比表面积能很好地改善一般半导体材料可见光利用率低和激发电子-空穴复合概率高等问题，为解决光催化反应中的瓶颈问题提供了可行的途径。石墨烯使得难以进行的复杂光催化反应轻而易举地实现了。

石墨烯是如何做到化繁为简、化腐朽为神奇的呢？化学反应，尤其是光催化反应必然涉及两种及以上的物质之间发生电子转移过程，一种物质被还原的同时，另一种物质被氧化。正常条件下，物质都是稳定存在的，也不会发生电子转移过程，只有在催化剂存在下才有可能发生化学反应。催化剂就像梯子，为电子从一种物质转移到另一种物质开辟了一条捷径，从而实现化学反应。而石墨烯作为一种新型的二维碳纳米材料，由于其优异的导电性，大的比表面积和结构灵活性，即使在非常低的重量分数下，石墨烯也可以作为有效的电子传导网络，特别有希望提高光催化性能。此外，科学研究还表明常规的光催化材料可通过与石墨烯复合而改变禁带宽度（半导体材料价带与导带之间的距离），为电子的转移和跃迁创造有利条件，也是石墨烯具有强大催化作用的原因。最新研究还表明单纯的石墨烯也能作为光催化剂直接参与催化反应，因此，用石墨烯或氧化石墨烯改性纳米材料也被认为在光催化领域具有重要价值。

尽管石墨烯在光催化温室气体及有害气态污染物方面表现出巨大的应用潜力，但要真正得以应用并产生经济价值，科学家仍需要从以下方面努力：一方面，应从系统工程化材料设计的理念出发，优化合成石墨烯基复合光催化材料，尤其是对不同组分界面处的微观设计与优化；另一方面，对于整个石墨烯基复合材料光催化体系而言，还应综合考虑光催化反应器的设计，并将两者有机地结合起来，促进该类光催化材料的实际应用。

治水利器——石墨烯光催化网

　　城市黑臭水治理主要是运用传统技术如截污纳管、面源控制、清淤疏浚、人工增氧、清水补给等手段，不仅耗费大量财力和人力，而且效果很难持续。石墨烯光催化网的问世将极大地改变这一状况，它是一张沉在水下的网，只要有可见光就可以分解水中的有毒物质，分解水制氧，让水体重新恢复自净化能力，变黑臭水为清水。

　　我国科学家研制石墨烯光催化网是目前国际上唯一可用于大规模水质处理的光催化技术产品，其核心——"可见光响应的异质间高效量子转移技术"正是利用了优质石墨烯作为关键的光生载流子传导层，将光催化效率提升了数个几何量级。根据测试，一条河流放置 1/3 到 1/4 的石墨烯光催化网，在夏天阳光充足的情况下，花费 3～5 天（冬天阳光稀少的情况下需一个月），就可以实现黑水变为绿水的效果，并通过增加水体氧气含量帮助水环境恢复自净能力，形成良性循环。这张网不受污染物影响，即使表面被包裹了一层污染物，光催化的效果仍然不受影响，并且实现了原位处理，不换水不抽污泥，利用可见光就能将黑臭水处理

河流上漂浮着由几排红色小球串起来的"渔网"——石墨烯光催化网

成绿水、清水，是真正的节能环保的水处理方式。

　　研究人员做了测试：把一条内河截流分为两段：一段放置了石墨烯光催化网，另一段则没有放置。一段时间后，在放置石墨烯光催化网的河段，水质变清，没有任何臭味，并有鱼类生存，而另一段没有放置石墨烯光催化网的河段，水质黑臭，气味难闻，无鱼类存活。经专业机构检测，放置石墨烯光催化网的河段水质已经达标。在污染河段放入这张神奇的"网"之后，该河段的高锰酸指数降低59.4%，生化需氧量降低56.9%，总氮降低51.6%，总磷降低80.8%，浊度降低83.98%，悬浮物降低67.9%，达到了城市水体无黑臭的国家标准。

抗菌新武器

　　细菌以无处不在的"霸道"姿态存活于自然环境。一般而言，细菌和人类可以互不侵犯，和谐共处。然而，当平衡被打破时，细菌会严重地威胁到人类健康，甚至导致人类死亡。人类当然不会对细菌的肆意妄为熟视无睹。古埃及，人就运用银材料进行抑菌杀菌。20世纪40年代以来，以青霉素为代表的抗生素成为杀灭细菌的主力军。但是，细菌在与抗生素的频繁对战中，屡战屡败，屡败屡战，竟然进化成为"超级细菌"，让现有的抗生素束手无策。于是，人们开始寻找新式"抗菌武器"。

　　科学家发现石墨烯是一种良好的新型"抗菌武器"。石墨烯，这种世界已知最薄、最硬的材料，形似一把锋利的刀片，可以直接将各种细菌（大肠杆菌、枯草芽孢杆菌、金黄色葡萄球菌、变异链球菌、假单胞菌、黑颖小麦黄单胞菌等），甚至还有真菌（禾谷镰刀菌和尖胞镰刀菌等）"斩杀"于刀下。当"石墨烯刀片"被投放到大肠杆菌生长环境2个小时，95%以上的细菌"死于非命"。经研究发现，石墨烯杀灭细菌的方式分两种：（1）直接

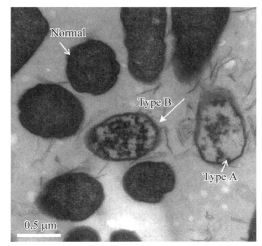

大肠杆菌的透射电子显微镜图像，Normal："正常态"；Type A："切断式"损伤态；Type B：""孔洞式"损伤态

切断细菌（"切断式"）；（2）在细菌表面制造"孔洞"，导致细菌体"内脏"外流而死（"孔洞式"）。石墨烯杀死大肠杆菌的方式使其更具有广谱性，也较难产生耐药性。因此，石墨烯也被誉为"绿色抗生素"。

"抗菌"棉袜

"杀菌治脚气，请用达克宁"——你是否已听过这样一则广告呢？脚气是足癣的俗称，是一种常见的真菌感染性皮肤病。常见的治疗脚气的药物的有效成分是硝酸咪康唑，它能够有效抵抗真菌的侵蚀，但也会引发皮肤刺激症候。最近，科学家研制出了石墨烯抗菌棉袜用以对付脚气。

什么是石墨烯棉袜呢？石墨烯棉袜是基于石墨烯和棉布制备而成。科学家运用物理或者化学方法将石墨烯与棉布相连接，即石墨烯搭载在棉布纤维表面，每个石墨烯片搭载于单根棉布纤维表面。这种搭载方式避免了石墨烯片层对棉布纤维的交叉空隙的堵塞，保留了棉布本身的良好透气性。而且，这种棉布中的石墨烯保持了抗菌杀菌的超级战斗力，4小时内可以杀死几乎所有的

细菌。而且，研究人员发现将这种棉布洗涤 100 次后，抗菌性能降低不足 10%。

石墨烯棉袜可以杀菌，还可以反复洗涤，洗涤之后抗菌力不减。其实，石墨烯棉袜不仅可以抗菌治脚气，还具有超强的除臭、透气、保暖等功效，这样的袜子，你是不是也特别想拥有呢？

催化制氢显身手

最近，中国和美国的科学家联合研究开发出一种稳定的固态催化剂，可取代昂贵的铂来制取氢气，在利用低成本催化剂生产清洁能源方面迈出了重要一步。

该催化剂的最大特点是不用金属颗粒，也不用金属纳米粒子，而是利用原子。因为即便是纳米颗粒，其有效部位仅在表面，很多纳米颗粒内部的原子无法发挥作用。新催化剂仅利用很少量的钴，在很低的电压下即可发挥出相当于传统铂催化剂的效率。原子厚度的石墨烯，具有非常高的比表面积，以及在恶劣环境下的稳定性和高导电性，可作为负载金属原子的理想基板。研究人员通过在气态钴盐环境中热处理石墨烯氧化物，可使个别钴原子结合到石墨烯材料上，制成具有优异催化制氢作用的原子新型催化剂。

传统制氢采用的铂碳催化剂，由于起始电压低，仍是目前常用的最好的催化剂。然而，基于石墨烯的原子催化剂的产氢效率与铂碳催化剂非常相近，却更易生产，成本与铂碳催化剂相比十分低廉，因此是一种很具竞争力的高性能催化材料。

海洋防腐潜力大

对于防腐涂料来说，传统防护涂层受限于自身材料性质及工艺，对金属基体的腐蚀防护作用往往不理想，个别性能突出的成本又很高，降低了涂层的性价比，而且相当一部分涂层因含铅锌或铬酸盐等重金属或有毒物质，存在一定的环境污染风险，也消耗了大量的不可再生资源，不利于社会经济的可持续发展。因此，开发各类新型长效环保的海洋重防腐蚀涂料成为新热点。

海洋防腐涂料一般要求具有如下性能：（1）具有良好的物理性能，对腐蚀介质抗渗性好，对钢材表面附着力好；（2）具有良好的力学性能，耐海水冲刷、耐海冰碰撞、耐船舶停靠的磨损；（3）具有优异的化学性能。耐海水、耐盐雾、耐油、耐化学品、耐紫外线等的侵蚀；（4）与电化学保护系统相容性好。飞溅区和全浸区涂料要具有耐阴极剥离性；（5）具有良好施工性能。可在各种环境条件下对不同结构进行高质量涂装施工；（6）符合健康、环保、安全的要求。

石墨烯广泛和独特的性能展现了其在金属材料防腐领域的巨大潜力。首先，石墨烯稳定的 sp^2 杂化结构使其能在金属与活性介质间形成物理阻隔层，阻止扩散渗透的进行；其次，石墨烯具有很好的热稳定性和化学稳定性，不论是在高温条件下（可高达 1 500℃），还是在具有腐蚀或氧化性的气体、液体环境中均能保持稳定；另外，石墨烯良好的导电、导热性能对金属服役的环境提供了有利条件。石墨烯还是目前为止最薄的材料，其对基底金属的影响可以忽略不计。同时还兼具高强度和良好的摩擦性能，不仅能提高导电性或耐盐雾性能，还能进一步降低涂层厚度，增加对基材的附着力，提升涂料的耐磨性。在常用的环氧防腐涂料的基础上，通过添加石墨烯制备的新型涂料不仅具有环氧富锌涂料的阴极保护效应、玻璃鳞片涂料的屏蔽效应，更具有韧性好、附着力强、耐水性好、硬度高等特点，其防腐性能超过现有的重防腐涂料，可广泛应用于海洋工程、交通运输、大型工业设备及市政工程设施等领域的涂装保护。对在铜和镍的表面涂上石墨烯的涂层进行腐蚀试验证明，铜的

腐蚀速度减慢 7 倍，镍的腐蚀速度减慢 4 倍。这些发现说明石墨烯是已知最薄的、高效的防腐蚀涂层，在提高金属耐腐蚀方面具有巨大潜能。

为高压输电保驾护航

我国沿海地区化工厂数量多，空气中含硫废气含量高，且盐雾腐蚀严重，导致沿海输电杆塔受腐蚀的速度较内陆地区快 3～5 倍，不仅增加了维护成本，还加剧了电网运行风险，而石墨烯重防腐涂料则可以解决这个问题。目前，我国主要的重防腐涂料是富锌底漆，不但防护寿命短，而且大量使用锌，浪费资源，与环保理念相悖。石墨烯的理论厚度只有 0.34 nm，其阻隔性能非常好，几乎可以对水、氧气、钠离子进行阻隔，在不提高重防腐涂料厚度情况下，能大幅延长防腐寿命，这就是长效防腐

输电杆塔重防腐涂层施工现场

的特点。另外，石墨烯防腐涂料中锌含量只占20%甚至是零，而且性能比传统涂料至少提高2倍。

石墨烯涂料除了具有抗酸碱腐蚀以外，还具有抗覆冰雪的功能。我国南部省份几乎每年都会发生低温雨雪冰冻灾害，致使高压输电线路出现不同程度的结冰、覆冰，影响输电安全。因此，非常需要新型

高压输电线被冰层覆盖

的抗覆冰的涂料，如果将超疏水涂层防覆冰技术"嫁接"到电力铁塔甚至输电线路上，水便不能在其表面上铺展开形成水珠状，就像荷叶上的露珠，这样电线上的覆冰就更少。不仅如此，基于石墨烯的疏水涂层做基底，冰雪的附着力是很弱的，稍微有一些风吹、抖动，就在重力的作用下掉下来了，也会起到保护输电杆塔的作用。

总之，基于石墨烯的涂料，具有防盐雾腐蚀与冰雪覆盖的功能，为我国经济发达的东南沿海地区的远距离的高压输电保驾护航。

微型机器人

一张纸，浸上水，会胀开；晒干了，会缩水。若这一过程在几秒之间"快进"完成，那么纸巾就收放自如。近期中国科研人员获得重大发现：石墨烯薄片在光热刺激下，竟像毛毛虫一样自主行走与转向，而用同样材料制成的小手可以抓取物体。这种基于折纸技术的石墨烯自折叠驱动装置可在下一代智能可穿戴装备中发挥重要作用，其他应用还包括在变形衣、外骨骼、

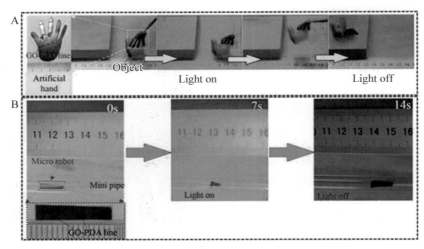

A. 一只石墨烯纸制作的人工手在光源明灭中抓取了小物件；B. 一个石墨烯制作的微机器人在小管中用 14 秒受控爬行了几厘米

微机器人等。

石墨烯折纸变形的灵感来源于中国古老的折纸艺术。研究人员利用简便的抽滤方法，将氧化石墨烯、PDA-氧化石墨烯的纳米片组装成只有微米厚度的"石墨烯纸"，在温度或光源的控制下，通过纳米层之间的水分子吸附与脱附过程的控制，让石墨烯纸能在 3 秒之内，迅速折叠成预设的形状，如此反复就按一定方向贴地爬行。大多数自折叠材料需要几分钟到几个小时来实现折叠，而现在只需要几秒钟；此外，大多数材料在折叠时都是一个连续过程，而现在的材料能够选择性地折叠与展开。正因为这些特点，石墨烯折叠纸开启了一个完整的材料折纸世界，从智能弹簧到振翅机器等。

这类轻质并且具有柔性的二维材料，对环境的微弱变化非常敏感，由此可以"编辑"其形态，受控产生形态改变，这使得它们存在多种应用可能性。如在服装领域，可用于"变形衣"设计制作，实现服装在腕部、肘部等特定部位的收缩及展开；在军事领域，可以帮助解决士兵"外骨骼系统"机械部件自重过重的问题。此外，在微机器人、太阳能电池板等领域的应用前景也值得期待。

药物运输车

药物犹如一支箭，发射进入人体循环系统后，如何精准地到达作用靶点是其发挥药效的前提和关键。在实际的疾病治疗中，药物在到达靶点的"漫漫长路"中常常被破坏、分解或者因"迷路"被排出体外，侥幸到达靶点的药物量则少得可怜。因此，医生采用延长服药时间或加大服药剂量来提高到达靶点的药物量，这种方式非常容易导致病人的肝肾受损。那么，如何解决药物面临的这种困境呢？科学家认为最有效的方法就是为药物增加一个兼具保护和定位功能的"伴侣"。科学家经过几十年的寻找，直到石墨烯的诞生，才找到了理想的伴侣，因为石墨烯恰好具备了这方面的能力。

科学家发现，石墨烯是一种新型的纳米"运输车"，可以高效地装载各种药物分子。"运输车"石墨烯主要通过两种方式固定"货物"。大比表面积的石墨烯片层可以直接吸附并装载"货物"，也可以通过表面和边缘修饰的"羧基""羟基"和"环氧基"等"挂钩"结构强力锚定"货物"。目前，石墨烯装载最多的"货物"是抗癌药物。科研人员在石墨烯运载车同时装载抗

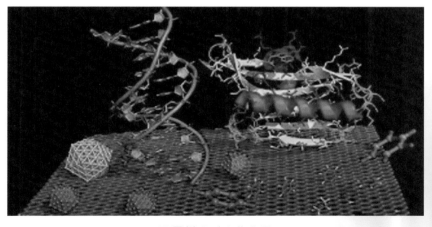

石墨烯吸引生物分子

癌药物阿霉素（DOX）、喜树碱（CPT）以及"导航分子"叶酸（FA）进行人乳腺癌细胞的抑制和杀灭。石墨烯对 DOX 的载药率高达 400%，远远高于一般纳米材料运输车。这辆装载大量抗癌药物分子的运载车可以在"导航分子"的引导下，准确无误地进入并杀灭癌细胞。这种"有的放矢"和"两箭齐发"的联合抗癌模式实现了对肿瘤细胞的有效打击和消灭。

石墨烯作为药物分子的载运车，具备运量大、输送强、易卸载、可导航的特点，有望被应用于临床的药物输送。

抗肿瘤战士

恶性肿瘤是威胁人类生命的重大疾病之一。"化疗"或"放疗"是当前治疗癌症的主要手段。这两种技术都是采用"通杀"策略，"敌我不分"地杀死肿瘤细胞，也损害健康细胞。因而，在杀死肿瘤的同时也极大地损伤患者的免疫系统。近年来，"热疗"成为治疗肿瘤疾病的新手段。

光热疗（PTT）是指提高肿瘤细胞生长环境的温度，"热死"细胞。顾名思义，光热治疗是将光转化成为热的治疗方式，它是热疗家族的"明星"技术。光热治疗中的光，一般是光谱中 780～1 100 nm 的近红外线，可以穿过人体而不损伤人体。光热治疗中，将光转化为热的物体成为光敏材料，当它们接受光照后，迅速升温。石墨烯就是一种能够将光转为热的纳米材料。

科学家将装载"追踪器"（荧光分子）和"潜水设备"（聚乙二醇，协助石墨烯悬浮于水中）的石墨烯通过尾静脉血管注射到移植皮肤瘤的小鼠体内。追踪器显示，石墨烯经过小鼠的循环系统，主要堆积于皮肤瘤部位，而没有富集到纳米材料常去的肝脏和肾脏。肿瘤组织的这种欢迎"客人"且"留客"久居的特点，被称为 EPR 效应（Enhanced permeability and retention effect）。运用 2 W/cm^2 功率的近红外光对小鼠进行局部热疗 24 小时，堆积石墨烯的皮肤瘤部位的温度上升约50℃，高效地消除了肿瘤，如下图所示。

石墨烯这种"分清敌我"，专门针对肿瘤组织的能力，使其有望成为新一代"抗肿瘤战士"。

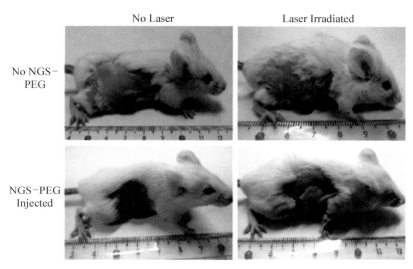

石墨烯用于肿瘤的光热疗法

"百变"传感器

传感器是一种将被检测信息转换成为电信号或其他形式信息输出的检测装置。利用石墨烯在电学、力学和热学等方面的特殊性质，可以构建多种传感器。根据检测分子的不同，石墨烯传感器可被命名为气体传感器、压力传感器，以及生物传感器等。

利用石墨烯的电学性质，科研人员制作了一种高敏感传感器G-putty。在橡皮泥中加入石墨烯薄片，并将其与电机和计算机相连，通过测量装置的电阻，感知环境变化。这个简单装置的灵敏度约为市场中最便宜的金属传感器的250倍。将G-putty贴在了

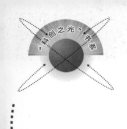

通过对不同振动频率的石墨烯电子进行检测，便有可能了解石墨烯表面分子的所有振动特性

人体的颈动脉皮肤、胸部以及脖颈等位置，可以准确测量出了呼吸、心率以及血压等指标。G-putty 还可以检测一只蜘蛛爬过时产生的十分轻微的冲击和变形。

石墨烯作为生物传感器，可用于血糖、肿瘤基因等的检测。石墨烯对酶、抗体、核酸、细胞等生物活性物质有很强的吸引力。石墨烯吸引葡萄糖氧化酶，可以做成葡萄糖酶传感器，检测葡萄糖水平，有成为简易血糖仪的潜力；吸引抗体分子，可以作为免疫传感器；石墨烯吸引 DNA 分子，可以做成基因传感器。

用于癌细胞检测的石墨烯生物传感器

石墨烯可应用在生物传感器上检测癌细胞破坏正常细胞时释放的物质，可以实现癌症细胞的检测。这种传感器的灵敏度比现在使用的传感器高 5 倍，可以在数分钟内得出测试结果，

这为快速即时检测提供了可能。石墨烯传感器生产成本低、响应快、检测能力强，高灵敏，尽管目前尚处在实验室阶段，但已展现了"百变"应用方向。

小贴士

神奇"橡皮泥"

G-putty 是一种内置 1 μm 厚石墨烯薄片的橡皮泥。石墨烯纳米片具有高韧性以及优越的导电能力，会在橡皮泥中产生微小的带电导体网络。当加入的石墨烯达到 G-putty 总体积的 15% 时，电导率约为 0.1 S/m，黏弹性可以保持很久。将 G-putty 与电机和计算机相连，就可以测量装置的电阻。这主要是由于石墨烯对环境变化有极高的敏感性，在轻微的变形或者压力下装置的电阻值发生明显的变化，静止后电阻又恢复到原始值。其灵敏度约为最便宜的金属传感器的 250 倍。它可以测试出呼吸、心率以及血压等人体指标，甚至可以测试出一只小型蜘蛛爬过引起的界面冲击和变形。这就是神奇的 G-putty 橡皮泥。

神奇"橡皮泥"发明者乔纳森·科尔曼（Jonathan Coleman）和他的儿子正在摆弄 G-putty

智能"文身"

你见过文身吗？绝大多数人肯定见过！不少人为了美丽，亦或纪念，常常在皮肤表面进行文身——各种颜色，不同图案。那你见过"智能"文身吗？让我们一起认识一种智能"文身"——石墨烯"文身"吧！

石墨烯"文身"是科学家基于石墨烯发展的一种表皮电子智能设备。这种智能设备是将聚合物-石墨烯片放置在临时文身纸上，然后将石墨烯片刻蚀成具有弹性的螺旋形电极。利用石墨烯的优异电学和机械性能，这种电极可以读取人体下皮组织中电活动变化引起的电阻变化。由于石墨烯是单原子的厚度，与皮肤有很高的黏合性，因此，这种文身读取电阻变化的能力非常灵敏、准确。

当石墨烯文身文在胸部上时，可以检测到传统心电图设备不可见的微弱波动。人们设想将其应用于记录肌肉的电信号，发展成为高精度、简易便捷的下一代义肢的传感器，精度也十分高，代替现有的体积庞大的医疗检测设备，为用户提供更为舒适的佩戴体验。石墨烯传感器还可以监测皮肤温度和湿度的变化，可用于女士化妆品保湿度优劣的测试。

在旧金山国际电子元件会议（IEDM）上展出的石墨烯"文身"是世界上最薄的表皮电子设备。像文身一样贴附在皮肤表面的石墨烯传感器可以测量来自心脏、肌肉和大脑的电信号，以及皮肤的温度和湿度。这种新型传感器的测量精度与体积庞大的传统医疗设备相同，甚至更高。

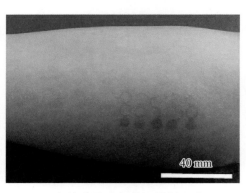

40 mm

具有传感器功能的石墨烯文身

石墨烯的厚度只有 0.34 nm，因此，石墨烯文身是世界上最薄的表皮电子智能设备。佩戴一个这样的电子产品是不是很酷？

空气"侦察犬"

随着装修材料和家具造成的空气污染引起的健康问题与日俱增，人们越来越关注自己居住环境中的空气质量情况。第一时间感知并呈现空气质量信息就显得尤为重要。谁来担此重任呢？石墨烯传感器应该是当仁不让的。

我们已知道石墨烯具有大的比表面积，可以吸附气体、多种有机或无机分子。利用石墨烯的吸附特性和导电性，科学家发明了一种石墨烯传感器。这种传感器通电后，单个的二氧化碳分子会一个一个吸附到石墨烯材料上；特定条件下，这些气体分子又会从石墨烯表面释放出来。在二氧化碳分子的吸附和释放过程中，石墨烯的电阻会以"量子化"波动的形式被检测到，这种波动可以转化测算为二氧化碳浓度。石墨烯传感器可以实现分子水平的检测目的。研究人员只花费了几分钟就检测到浓度约为 30 ppb 的二氧化碳气体，空气检测精度提升 1 000 倍，现有的环境传感技术难以实现。这种传感器除了可以感知来自建筑、家具用品的二氧化碳分子，还可以感知挥发性有机化合物（VOC）气体分子。

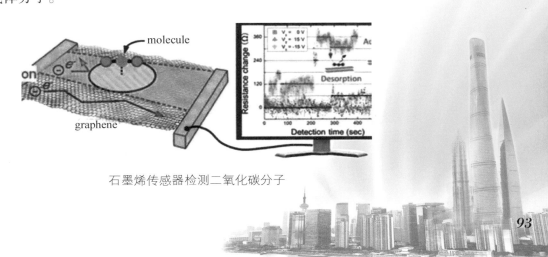

石墨烯传感器检测二氧化碳分子

石墨烯传感器拥有的灵敏感知空气质量的超能力是不是像侦察犬的敏锐嗅觉呢？

疾病"诊断师"

石墨烯是一种结构特殊的碳材料，一方面，它能够将粘附到它表面的各种荧光团的荧光关掉，是一种通用的淬灭剂；另一方面，石墨烯家族的某些成员生来自带光环，可以产生荧光。因此，石墨烯常常被科学家用于发明生物检测装置——生物传感器，可用于血糖、肿瘤基因等的检测，作为医生诊断糖尿病、癌症等的依据。

众所周知，石墨烯因具有大的比表面积，其对酶、抗体、核酸、细胞等生物活性物质有很强的吸引力。石墨烯吸引葡萄糖氧化酶，可以做成葡萄糖酶传感器，检测葡萄糖水平，有成为简易血糖仪的潜力；吸引抗体分子，可以作为免疫传感器；石墨烯吸引 DNA 分子，可以做成基因传感器。例如，石墨烯表面吸附闪烁绿色荧光的单链 DNA 分子 A，荧光很快被关掉；当 A 的搭档互补单链 DNA 分子 B 出现时，B 与 A 紧密结合，将 A 从石墨烯表面拉走，A 的荧光恢复。利用这种简单的"荧光开关"现象，我们可以有效地侦查 B 分子的出现。因此，合理设计 A 分子，可以有效地实现重大疾病的诊断。

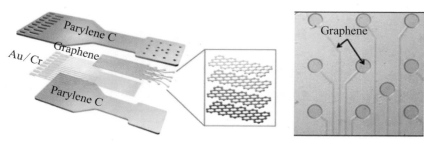

用于制作生物传感器的石墨烯芯片（左：示意图；右：实物图）

石墨烯传感器具有响应快、检测能力强、灵敏度高等特点已经展现出在重大疾病诊断方面的突出优势，科学家认为石墨烯是一位年轻的（2004年诞生）、潜力无限的“诊断师”。

石墨烯在锂离子电池中的应用

随着科学技术的发展和环保要求的不断提高，便携式消费电子产品已经成为人人离不开的生活必需品，新能源汽车技术的发展也已经形成了世界范围的竞争格局。而不论是消费电子产品还是高大上的新能源汽车，储能主力都是锂离子电池。消费类储能锂离子电池技术发展虽然相对成熟，但是仍然存在体积能量密度不足，充放电过程发热量大的问题；限制动力锂离子电池技术发展的也是能量密度低，大倍率充放电性能不足。石墨烯比表面积大（2 630 m²/g），热导率（室温下超过5 000 W·m⁻¹·K⁻¹）是铜（室温下401 W·m⁻¹·K⁻¹）的10倍多，电阻率为10^{-8} Ω·m，比铜（1.7×10^{-8} Ω·m）更低，是室温下导电最好的材料，而且

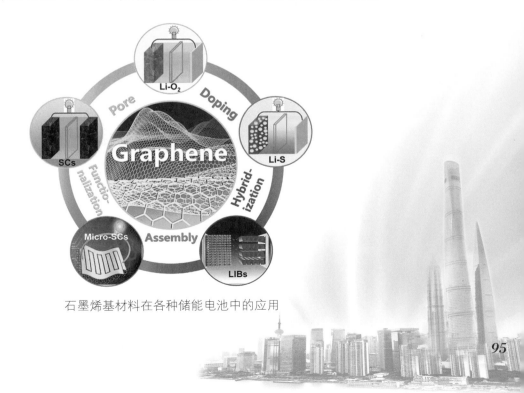

石墨烯基材料在各种储能电池中的应用

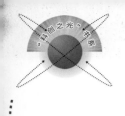

石墨烯理论能量密度为 744 mAh/g，远高于目前锂离子电池常用的石墨负极 372 mAh/g。如果石墨烯可以用于锂离子电池，那么电池的发热问题和倍率特性会得到大大改善。

石墨烯在锂离子电池中的应用一般是用作电极材料或者导电添加剂。因为石墨烯具有优异的导热性能，如果用作电极材料，便可以大大提高电极与周围环境的热量传递，有效降低电池的发热问题。但用作电极材料，其形貌和微观结构会影响其充放电过程的可逆性。比如单层、三层、四层石墨烯作为负极材料分别表现出不同的可逆容量为 1 175 mAh/g、1 007 mAh/g、842 mAh/g。所以用于锂离子电池的石墨烯电极一般是经过改性的石墨烯复合材料。例如氮原子掺杂的石墨烯在 50 mA/g 的电流密度下可以表现出高于 1 040 mAh/g 的容量密度，而且经过多次循环以后仍然可以表现出较好的倍率充放电特性。石墨烯与高容量的金属氧化物或硅系材料的复合应用也是石墨烯改性的一个重要方面。金属氧化物或硅系材料有较高的理论比容量，但是导电性差、充放电过程中体积膨胀明显，将金属氧化物或硅系材料与多孔石墨烯复合，使金属氧化物分子硅系材料的分子或镶嵌在多孔石墨烯的层状结构中间，或被石墨烯层包裹在内，既可以提高金属氧化物或硅系材料的导电性，又可以约束金属氧化物或硅系材料在充放电过程中的体积变化，提高上述材料在循环过程中的结构稳定性，改善循环。韩国正在进行在硅表面添加石墨烯涂层的硅基负极材料的研究，旨在提高硅系锂离子电池的寿命。日本相关研究机构也在研究具有三维构造的多孔石墨烯材料，希望用于下一代锂空气电池中。

石墨烯导电剂

由于石墨烯为纳米片层状结构，比表面积大，直接用于锂离子电池电极材料存在分散困难的问题，工艺应用技术还有待进一步开发完善，所以目前用于锂离子电池的市场化产品主要以导电剂的形式存在。

锂离子电池中常用的传统导电剂为导电炭黑、导电石墨，近年来相继出现的高端导电剂如纳米碳纤维、碳纳米管、石墨烯等随着锂离子电池大电流充放电性能要求的不断提高而逐渐被采用。石墨烯各碳原子之间连接非常柔韧，外部受力时碳原子面会弯曲变形，使碳原子不必重新排列来适应外力，从而保持了结构稳定，这种稳定的晶格结构使石墨烯拥有优异的导电性。传统导电剂与活性物质颗粒之间为刚性点接触，碳纤维、碳纳米管与活性物质颗粒之间为柔性线与点的接触，薄层石墨烯与活性物质颗粒之间则为柔性面与点的接触。

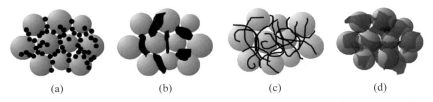

(a)　　　　(b)　　　　(c)　　　　(d)

导电剂与活性物质颗粒的接触方式示意图[（a）导电炭黑；（b）导电石墨；（c）纳米碳纤维；（d）石墨烯]

虽然石墨烯与活性物质之间的点面接触可以最大化地发挥导电剂的作用，减少导电剂的用量，提升锂离子电池的能量密度，但是石墨烯的片状结构会对锂离子扩散形成阻碍，在大电流密度下会使锂离子的扩散阻抗增加，从而影响电池的倍率性能发挥。

另外，石墨烯片之间因为较强的范德华力而容易团聚和堆砌，在没有分散剂存在的条件下，添加在锂离子电池浆料中不易

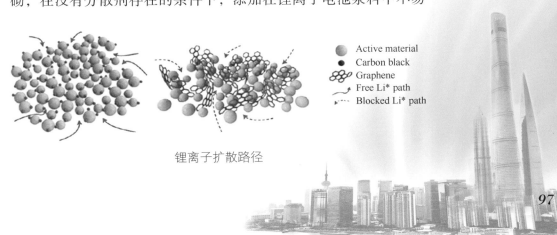

Active material
Carbon black
Graphene
Free Li* path
Blocked Li* path

锂离子扩散路径

分散而且容易发生团聚，为了提高石墨烯的使用效果，需要将石墨烯与传统导电炭黑以一定的比例混合使用，并且充分保证石墨烯的分散均匀性，所以，实际生产中应用的石墨烯基本是以导电液的形式存在的。

石墨烯导电液，是在溶剂中加入质量比为 5% ～ 10% 的石墨烯粉体，添加一定的分散剂和稳定剂，提前将石墨烯粉末分散均匀，制备成均一稳定的黑色浆料，在制备正负极浆料过程中，将分散均匀、性能稳定的石墨烯导电浆料加入其中，与黏结剂和活性物质进行充分混合，得到适合涂覆的正负极浆料，然后再按照既定的参数涂敷在集流体上得到导电性能良好的正负极片。

目前，石墨烯生产成本高昂，产品纯度不高，表面含有多种官能团，添加过多会降低电池容量密度，也会增加电解液吸液量以及官能团与电解液之间的副反应，进而影响电池的循环性能。鉴于上述缺点，石墨烯虽然有了一定程度的应用，但是要想得到市场的广泛认可和普及还需要科学家不断优化石墨烯的生产工艺，提高产品纯度和产量，降低成本。

石墨烯在锂硫电池中的应用

锂硫电池是以单质硫作为正极材料，金属锂作为负极材料的新型可充电电池，锂硫电池的嵌锂反应式为：$16Li+S_8=8Li_2S$，即每个硫原子可以接受 2 个电子形成 S^{2-}，理论能量密度高达 1 675 mAh/g，因此，在不断追求高能量密度的市场环境下，锂硫电池有望成为传统锂离子电池的替代品，是下一代高能量密度电池强有力的竞争选手。

锂硫电池之所以还处于实验研究阶段是因为在电池充放电过程中会产生溶解度很高的多硫聚合物离子 S_n^{2-}，这些 S_n^{2-} 能够透过隔膜迁移至金属锂附近，继续被还原成为不溶解的硫化锂（Li_2S，Li_2S_2）沉积在金属锂表面，造成了活性物质的流失；同时

Sn^{2-}溶解在电解液中来回穿梭于正负极之间形成了"氧化还原穿梭现象",导致锂硫电池循环性能差和库伦效率低。另外,硫正极充放电过程中大的体积变化导致了电极结构的破坏也造成了电池性能的下降。

石墨烯独特的二维平面结构和优良的导电性能、柔韧特性和力学性能使得科研人员尝试用其来改善碳硫纳米复合材料的特性。以石墨烯作为导电骨架制备成渔网式结构、核壳结构或者包覆结构,一方面缓和硫正极材料充放电过程中的体积变化,另一方面限制多硫离子的逸出和溶解,进而提高电池的电化学

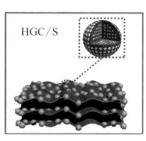

基于石墨烯多级次复合材料的碳硫正极结构图

性能和循环性能。科学家设计了石墨烯-碳纳米管-硫复合电极材料。将石墨烯包覆在碳纳米管-硫(CNT-S)复合材料表面之后,既有利于 CNT-S 表面的硫单质进一步进入 CNT 的孔和间隙中,提高了复合材料的导电性;同时二维平面结构的石墨烯包裹在 CNT-S 复合材料表面,对多硫化合物 Sn^{2-} 的溢出形成了有效的抑制,大幅度提高了锂硫电池的电化学性能和循环性能。

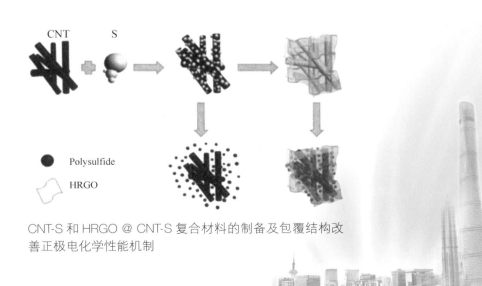

CNT-S 和 HRGO @ CNT-S 复合材料的制备及包覆结构改善正极电化学性能机制

除此之外，还可以最大化利用石墨烯的优点，以多孔石墨烯负载活性物质硫，高导电石墨烯作为集流体，部分氧化的石墨烯作为多硫吸附层制备成多层全石墨烯正极，然后以此作为正极制备成锂硫电池，充分发挥石墨烯的轻质量特点以提高电池整体的能量密度，氧化石墨烯与多硫化物以化学键结合可以有效抑制多硫化物的穿梭效应，从而大大提高了锂硫电池的循环稳定性。

POG-Polysulflde adsorption layer
HPG-sulfur host
HCG-current collector

硫正极的全石墨烯结构设计

采用石墨烯对硫正极进行改性或者采用石墨烯作为电极材料的基体骨架对锂硫电池的性能都有不同程度的提高，但是，目前石墨烯在锂硫电池中的应用仍然处于实验室研发阶段，要实现石墨烯锂硫电池的商业化还有大量研究工作要做，期待早日将石墨烯锂硫电池的实验室设计变成商业化产品的工程应用中。

石墨烯在锂空气电池中的应用

锂空气电池是一种以金属锂作为阳极，以空气中的氧气作为阴极反应物的电池。因为阴极反应物可以从空气中获取，无须保存在电池中，阴极载体为质量很轻的多孔碳或泡沫镍等，因而具有更高的能量密度，锂空气电池成为下一代高能量密度电池的研究热点。

锂空气电池存在的问题是，反应产物 Li_2O_2 与 Li_2O 无法溶解于有机电解液中，将不断在多孔电极的孔道内沉积，阻碍氧气进入电极，并且不断沉积的氧化物会破坏多孔电极，最终影响电池

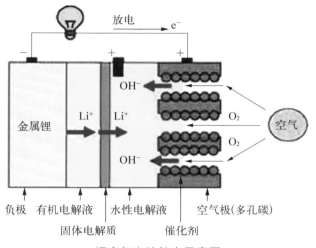

锂空气电池放电示意图

的寿命。多孔分层石墨烯因为丰富的介孔结构和较高的催化活性被认为是很有前景的空气电极材料。一方面，石墨烯微米尺寸的开放孔隙可以加快氧气的扩散，为放电反应提供源源不断的原料反应物；另一方面，丰富的纳米尺寸孔隙，可以催化 Li-O_2 反应，同时分层有序多孔结构石墨烯中的缺陷和功能组有利于形成孤立的纳米尺寸 Li_2O_2 颗粒，有助于防止过快增长的放电产物阻塞通道。尽管石墨烯材料可以大大延缓锂氧化物在空气电极中的阻塞，但是问题的根本目前并未得到彻底解决。

未来存储器件的希望

信息化时代的到来，让我们每个人切实感受到了所谓的"爆炸式"信息给我们的生活带来的巨大冲击和深远的社会影响。随着个人电脑、手机、数码相机和媒体播放器等电子产品的迅猛发展，信息技术设备已经成为日常生活中不可或缺的一部分。2001年7月上映的数字化32位电影《最终幻想》（片长106分钟）的拍摄时间用了4年，而利用引领微电子行业的64位计算的

AMD64 位技术拍摄的电影《星战前传三：西斯复仇》（片长 133 分钟，2005 年 5 月上映）仅花了 19 个月时间，节省了好几年的工作量，获得了更好的视觉效果和观众的心理震撼。与磁带、软盘相比，光盘和 U 盘的存储量呈几何级数增长，超高密度数据存储呼之欲出。

小贴士

什么是 AMD64 技术

64 位处理器技术是相对于 32 位而言的，这个位数指的是 CPUGPRs（中央处理器之通用寄存器）的数据宽度为 64 位，64 位指令集就是运行 64 位数据的指令，换句话说该处理器一次可以运行 64 字节数据（字节"bit"是计算机中数据的最小单位）。Apple 公司 2013 年上市的 iPhone5s、iPadAir 及 2014 年推出的 iPhone6、iPhone6plus 等就使用了 64 位处理器。目前我们使用的 windows 操作系统都是运行在桌面计算机架构之上。以前常见的 32 位的处理器是 X86 架构，而现在大部分的计算机使用的处理器都是 64 位的。AMD 公司推出了第一个 64 位架构处理器。另外一个用来表述 64 位架构的 X86-64 则不是一个特定的处理器架构，

只是一个标准。拥有较宽的数据通道（8 位、16 位、32 位和 64 位）的处理器的价值在于它可以增加它能够在一个周期中在 CPU 内传送和处理的数据量。

诸如随机存取存储器（包括动态随机存储器和静态随机存储器）、只读存储器、闪存等存储器件是现代信息技术的核心和基础。内存的容量主要指动态的容量，它需要不断地刷新才能保存数据；而静态的容量在通电的情况下不需要刷新就能保存数据。

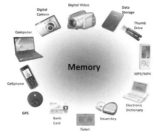
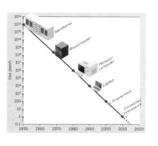

戈登·摩尔

戈登·摩尔、信息存储器的常见应用和电子产品随时代发展发生的体积变化趋势

只读存储器对事先写入的数据仅具有"读"的功能，不能擦除或重写，断电后能保存写入的数据。闪存存储器的寻址方式（在存储器中每个存储单元的位置都有一个编号，即地址，从对应地址的单元中访存数据，即为寻址）是随机寻址，不仅具有读写功能，断电后数据也不丢失。只读存储器和闪存均为非易失性存储器。另外一种存储器，一次写入多次读出存储器（WORM 型）也属于非易失性存储器，信息一旦写入便不能更改，根据此特性，WORM 型存储器常被用于存储和备份重要信息，防止信息丢失或被改动。

现代电子信息产业的发展使得人类对小尺寸、大规模、高密度存储器的需求日益迫切，数据存储密度和存取速度不断翻新，在单块芯片上集成的存储单元的体积越来越小，使计算机和数码设备等电子产品的体积呈指数式缩小，向复杂化和微型化方向快速发展。这一由硅基存储器发展的神话传奇与摩尔定律如影相随，独领风骚。1965 年，英特尔联合创始人戈登·摩尔（1929 年 1 月 3 日出生于美国旧金山佩斯卡迪诺）提出了整个半导体行业必须遵循的摩尔定律，即在价格不变的情况下，每隔 18～24 个月的时间（刚提出时是 12 个月，1975 年摩尔更新了这个定律，将间隔的最长时间调整到 24 个月，业内公认为 18～24 个月），集成电路（微型电子器件或部件）中单位芯片中可容纳的晶体管的数量及其性能都会提升一倍。"国际半导体

技术路线图"（ITRS）组织每年发布根据摩尔定律制定的技术发展路线图。然而，"好花不常开、好景不常在"，单一芯片上集成的存储元件的尺寸并不能无限制地小下去。随着晶体管的连接越来越紧密，芯片功耗将越来越大。用于制造芯片的光刻技术面临越来越大压力，使用的波长变得越来越短，从 436 μm、365 μm 的近紫外光迈向 246 μm 和 193 μm 的深紫外区域（例如，如果要制造 14 μm 的芯片则需要 193 μm 的深紫外光）。未来芯片制造的希望是使用波长小到 13.5 μm 的远紫外光，而这种希望目前只能是一种奢望，离实际运用还非常遥远。用于替代精密光刻技术的非光刻技术，如 F2 准分子激光技术、微型电子束矩阵技术、X－射线技术、离子投影技术等，要达到目前光刻技术的水平还有很长的路要走，更不用说制造小于 20 μm 的芯片了。此外，即使目前的光刻技术能够制造 16 μm 及以下尺寸的芯片，当硅基存储器的特征尺寸逼近 10 μm 节点时，集成电路中相邻存储单元间的相互影响、晶体管的漏电问题、芯片的功耗问题将极大地动摇存储器件的可靠性和稳定性，同时芯片工厂的制造成本也将急剧飙升，性能提升的空间变得越来越小。当前的主流硅基存储技术，包括传统的场效应晶体管和电容器集成电路等都已经不能满足未来信息存储的需求，需要引进全新的概念、材料和技术研发下一代存储技术，而新材料始终是关键。2016 年，《自然》杂志发表文章称，从 2016 年 3 月开始 ITRS 组织发布的下一份半导体技术路线图将采用完全不同于摩尔定律的方法，这意味着辉煌 51 年的摩尔定律走向终结，半导体行业从此进入后摩尔时代。

而被认为有能力替代传统硅基材料、推动信息存储空间继续得以变大的关键材料，就理所当然地落到了石墨烯头上。综合石墨烯独特的单层二维片层结构、优异的光、电、力、磁、热等性能，科学家对石墨烯寄予了无限希望，让我们期待石墨烯带给人类更加光明的未来。

小贴士

什么是光刻技术

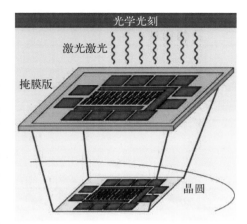

光刻技术是一种在光照作用下，利用光学-化学反应原理和化学、物理刻蚀方法，借助光刻胶（又名光致抗蚀剂）将掩膜版上的图形转移到基片（硅晶片或介质层）上的精密的微细加工技术。首先，紫外光通过掩膜版照射到覆盖一层光刻胶薄膜的基片表面，引起曝光区域的光刻胶发生化学反应，然后通过显影技术溶解去除曝光区域光刻胶（正性光刻胶）或未曝光区域的光刻胶（负性光刻胶），使掩膜版上的图形被复制到光刻胶薄膜上，最后利用刻蚀技术将图形转移到基片上。

与采用昂贵掩膜版的光学光刻不同，电子束光刻直接将设计数据书写到覆盖了光刻胶的晶圆上并将其曝光

概念手机

石墨烯成为后摩尔时代的信息存储新宠

石墨烯独特的二维平面结构使其电子/空穴迁移率（即电子和空穴在单位电场作用下的平均漂移速度；空穴：在固体物理学中指共价键上流失一个电子，最后在共价键上留下空位的现象）在已知半导体材料中最高（见下表），电子在轨道中移动时，不会因晶格缺陷或引入外来原子而发生散射，将其作为存储介质，

不仅具有高密度存储的特点，还具有低功耗、快响应的特点，必将引发信息技术产业的又一场变革，为人们进入"纳电子"时代（纳电子的研究对象不仅要求长度是纳米，而且信号处理时间必须是纳秒，信号功率必须是纳焦）奠定基础。

石墨烯和常见的半导体的迁移率和带隙比较

半 导 体	电子 / 空穴迁移率（cm²/V·s）	带隙（eV）
金刚石	4 500（电子） 3 800（空穴）	5.50
砷化镓	8 500（电子）	1.42
硅	1 500（电子） 450（空穴）	1.12
锗	3 900（电子） 1 900（空穴）	0.66
石墨烯	200 000（电子） 200 000（空穴） 10 000（覆盖在二氧化硅表面上时的电子 / 空穴迁移率）	0

作为"后硅电子时代"的继承者，石墨烯凭借独特的电学和力学性能以及与现有硅基存储器件制备工艺相兼容的特点，能在更小的空间上，使用更少的能源来存储更多的数据信息，在下一代存储材料的角逐中被寄予厚望。石墨烯的空穴 / 电子迁移率使石墨烯基存储材料具有可实现电路微型化、机械柔韧性、三维堆叠高密度存储、响应速度快和高开关比的特征，在信息存储以及高速计算领域显示出广泛的应用前景。然而，本征石墨烯的带隙为零，属于半金属材料，电子和空穴的迁移率近似相等，ON/OFF 电流开关比非常小，限制了其在电子信息产业的进一步应用。因此，利用预先合成好的含有反应性基团的有机化合物或高分子接枝到石墨烯表面和从石墨烯表面直接生长高分子的方法调节石墨烯能带间隙，设计并制备新的有机 / 高分子石墨烯衍生物

和新型器件结构等方案则是解决限制石墨烯在高性能信息存储中应用的有效途径。

以石墨烯、石墨烯纳米带、石墨烯量子点、氧化石墨烯、还原的氧化石墨烯及其有机/高分子衍生物作为电活性物质的石墨烯基存储器主要包括阻变型存储器和场效应晶体管型存储器两种，前者更为普遍。作为一种基于电致阻变效应而提出的一种新型存储技术，阻变存储器受到人们越来越多的关注和大力推进。实现阻变存储的关键技术就是如何通过器件电阻状态的精准调控来实现多值存储乃至存储和运算功能的集成。在外界施加电场的作用下，阻变型存储器表现出高、低两种不同的导电状态，我们把高的导电状态称为 ON 态；低的导电状态称为 OFF 态，分别对应于二进制存储模式中的“1”和“0”信号。这种存储机制与硅芯片中存储电荷的存储方式完全不同，避免了存储单元相互影响，是电双稳态存储器件存在的基础。目前基于石墨烯的具有推-拉电子结构特征的新型功能高分子阻变信息存储材料（见下图），已部分实现了启动电压介于 1～3 V，ON/OFF 电流开关比为 1∶103～106，功耗 6.7 nW 至 221.4 μW，循环可逆性超过 108 次，保持时间超过 106 秒等关键性能指标。存储过程完美可逆，当施加足够高的正电压时，体系能够发生可逆的电荷转移，从而降低材料导电性并回到器件初始状态。

石墨烯及基于石墨烯及其衍生物的信息存储器件结构示意图

石墨烯材料在激光防护领域的应用

　　激光武器以其高速、重复打击、目标杀伤精准、破坏程度可控、抗电磁干扰以及操作成本经济等特点，在未来战争、反恐、安保、救援中具有独特而重要的战略、战术价值。对于人类眼睛而言，当激光强度达到 2 μJ 时将损坏 50% 人眼视网膜；10 μJ 激光则导致视网膜永久性损害；达到 20 μJ 时视网膜出血。在 1982 年的英阿战争中，安装有激光眩目镜的英国军舰就曾用激光对付阿根廷战机，有 3 架阿根廷战机上的驾驶员，由于受到激光照射，眼睛模糊不清，致使飞机失控，坠入海中。随着高能激光武器、激光测距与探测等激光技术的发展，各种重要军用平台如卫星光电载荷、机载光电成像系统等越来越多地暴露在强激光战场环境下，极易受到强激光的攻击。高功率激光武器通过对目标物进行热作用破坏（造成穿孔或凹陷），力学破坏（造成目标物体变形破裂），辐射破坏（激光攻击物体导致被气化的物质产生能辐射出 X 射线和紫外线的等离子体云，从而对目标物造成进一步损伤），能在极短的时间内有效地摧毁飞行器、导弹、坦克、舰船等军事目标。强激光对战机（含无人机）进行攻击时，战机一旦被锁定，则意味着难逃被击落的命运。例如在 2014 年 5 月，美军用舰载区域防卫激光武器对 1.6 km 外的一艘橡皮艇进行照射攻击，将其一侧艇身彻底烧毁。

　　以美国为首的西方发达国家在高度重视先进激光武器研发的同时，也极力推进激光防护研究，期待对所有高价值军 / 民平台光电载荷、军用装备及人员进行有效的激光防护。早在 20 世纪 90 年代美军就明确规定所有高价值平台光电载荷均需要采用防护措施。从国内外大量文献和报道看，当前国内外主要使用吸收型过滤器、吸收-反射型滤光器、反射型滤光镜、相干滤光镜、皱褶滤光镜、全息滤光镜、光学开关型滤光镜和类似"眼睑"功能的机械开关等激光防护器件。工作原理基本上属于线性吸收、反

现代激光武器及其实战化试验图

射和衍射。这类装备或材料除了类似眼睑功能的机械开关保护卫星镜头外，主要用于防护眼睛和一些特定的光电传感器，无法对被保护的军事装备、光电载荷、人眼等实施全波段或宽光谱（400～1 100 nm）防护。相对而言，基于非线性光学原理的激光防护材料具有广谱抗变波长激光的能力，响应时间快、保护器激活后不影响仪器的探测或图像处理与传输能力，能有效地将激光强度降低到光学仪器、军用装备及人眼能接受的水平，具有极高实际应用价值。美国海军于 2012 年研制成功基于非线性光学原理的光电防护材料和器件，可有效保护侦察卫星免遭激光攻击。德国 2014 年研制成功基于无机纳米材料的非线性光电防护器件，并开展了地面光机系统集成应用验证。在过去 20 多年里人们为了获得能有效防护激光的功能材料，做了不懈的努力。各种各样的非线性光学材料陆陆续续被制备出来。

　　作为第一种被实验证实的二维晶体材料，石墨烯在拥有优良的电学、热学和力学性质的同时也具有独特的光学性质，在电磁防护等领域具有重要应用价值。尤其是化学氧化法制备的氧化石墨烯，因其表面及边界处的含氧官能团具有很强的亲电性，氧化石墨烯的电荷捕获能力大幅提高。利用共价键合修饰或非共价键

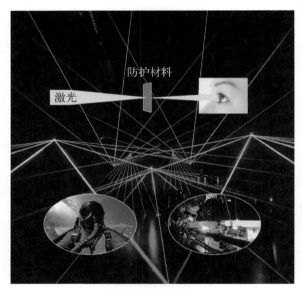

激光防护材料对眼睛和一些特定的光电传感器、军事装备等的防护原理

合修饰的方法可以在石墨烯表面或石墨烯体系中引入功能基团或功能组分，制备出种类繁多的具有特殊光、电、磁和生物效应的石墨烯衍生物。

石墨烯具有很强的超快非线性光学响应和超快的载流子弛豫动力学过程。在超短脉冲激发下，其能带内热平衡弛豫时间约100飞秒，带间跃迁弛豫时间约几个皮秒，对位于紫外—可见—红外区域的连续光谱范围里任何频率的光子都具有共振的光学响应。由于泡利堵塞效应，石墨烯拥有显著的宽带饱和吸收性能（即当强光照射到石墨烯上时，石墨烯的吸收不再线性，而是非线性的依赖光强）。氧化石墨烯在石墨烯 sp^2 杂化碳原子二维网格基础上产生了 sp^2 和 sp^3 杂化碳原子混合的结构，这使得原本零带隙的石墨烯产生了一个带隙。这个有限宽度的带隙使得氧化石墨烯具有优良的可调谐光学性质。这些特有的光学属性让石墨烯在开发新型纳米光电器件方面呈现出特别的优势，尤其是在激光防护领域具有巨大的潜力。

在 532 nm 和 1 064 nm 的纳秒激光脉冲的作用下，高品质无氧化、无缺陷石墨烯展现出基于热致非线性光散射机制的宽带非线性光学响应，材料的透射率随入射光强的增大而减小（即光限幅效应）。利用水热作用将氧化石墨烯还原成的还原氧化石墨烯在红外波段呈现出可调谐的激光防护性能。双光子吸收和激发态吸收机制可以分别主导氧化石墨烯在皮秒和纳秒激光脉冲作用下的非线性吸收和激光防护行为。此外，基于石墨烯的一系列复合非线性光学功能材料已经被科学家开发出来。例如，在一种具有宽光谱激光防护效应的共价接枝的氧化石墨烯-酞菁复合材料中，氧化石墨烯的非线性散射使这种材料拥有从可见到红外的宽波段响应，而酞菁的反饱和吸收性能则使这种复合材料的响应速度达到皮秒量级。与纯石墨烯（包括氧化石墨烯和还原的氧化石墨烯）相比，功能化的石墨烯衍生物表现出更加优异的非线性光学性能。

总之，"矛"（激光武器）的层出不穷，也催生了"盾"（激光防护）的快速发展，就像哲学中，矛盾是一对统一体，相互作用，相互影响，而如今随着具有巨大激光防护潜力的超级材料——石墨烯的面世，不知道这对"矛"与"盾"的平衡会不会被打破，让我们拭目以待！

小贴士

非线性光学与激光防护机制

非线性科学的产生标志着人类认识由线性现象领域进入非线性现象领域，而当激光器问世以后，很多奇特的光学现象已不能用传统的光学原理来解释，一个新的学科"非线性光学"，也随之发展起来。非线性光学主要研究的是强光（如激光）与物质间的相互作用，当光强达到一定的强度后，物质对光的吸收已经不再符合传统光学所给出的规律，其吸收系数会随着光强的变化而变化。激光的出现为人们提供了强度高和相干性好的光束，而这样的光束正是发现各种非线性光学效应所必需的。新型非线性光学材料的研究与开发进程直接影响或决定了诸如

光通信、高速电光信息处理、高密度数据存储、短光脉冲生成、空间光调制、全光开关、激光防护等现代高科技技术的发展。最重要的基于非线性光学原理的激光防护机理主要包括非线性吸收（即：反饱和吸收、双光子吸收和多光子吸收、自由载流子吸收）、非线性折射（主要来自电子和热效应贡献）和非线性散射。在可见光区域有机／高分子反饱和吸收材料在溶液和固体薄膜中的防护范围为 400～600 nm，而双光子吸收材料则因在 600～800 nm 区域的激发态吸收而产生光限幅效应。非线性散射材料的光限幅效应区域可以延伸到近红外区域。非线性折射率为负值的光学材料不仅使照射在表面的光束发生自散焦现象，还可使大量入射光的能量通过光学测量系统的出口狭缝被吸收。非线性吸收系数为正的材料可发生反饱和吸收，其特征是：在一般强度的光照射下有较高的透过率，但在高强度光辐照时光在材料中的透过率降低。反之，如果入射光强度增强，透过率也随之增大，则称为饱和吸收。具有饱和吸收性质的光学材料的非线性吸收系数通常为负值。

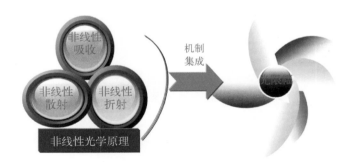

石墨烯在柔性显示屏中的应用

作为目前世界上已知的最薄、最坚硬、导电性最好的纳米材料，石墨烯也成为制造柔性显示屏、可穿戴设备以及其他下一代电子设备的理想材料。早在 2014 年，华为老总任正非在接受媒体采访时也指出，这个时代最大的变革将是硅基电子器件被基于石墨烯的电子器件所取代。

作为一种具有优异电学性能的二维材料，石墨烯表现出一种被称作是"冲猬导"的导电状态，也即电荷可以不受阻碍地穿越它，穿越速度比现今广泛应用的硅基集成电路要快得多。起初，研究人员对于石墨烯在计算机领域的潜在应用备感兴奋。但是，石墨烯并不是半导体，这意味着它很难从导电状态切换到绝缘状态，不能实现现代计算机中的"0"和"1"二进制。所以，不要指望未来在你的笔记本电脑里找到一个石墨烯处理器。然而，石墨烯优异的力学、电学性能可能更适合应用于电信行业的模拟电路中。

全球首款石墨烯柔性显示屏（左）和首款石墨烯手机（右）

随着石墨烯制备技术的发展，高质量的是石墨烯不再是奢望，这为石墨烯商业化应用，尤其是石墨烯在生产透明导电电极的应用奠定了基础。石墨烯在显示屏中的应用最早要追溯到2014年。2014年9月，英国剑桥大学石墨烯研发中心和一家名为"塑料逻辑"的电子公司共同展示了一种用石墨烯电极制成的柔性显示屏。这款原型产品是由剑桥大学石墨烯研究中心和英国塑料逻辑公司共同生产的。它是一款有源矩阵电泳显示屏，这种技术通过使用电场重新排列溶液上的悬浮粒子，显示出图像。这种显示屏和如今的电子阅读器显示屏很相似，不过它没有采用玻璃材质，而是选用了软塑料。这是首次将石墨烯技术

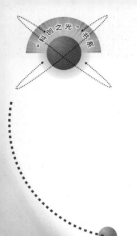

应用在基于晶体管的电子设备上面。在下一代高科技电子设备上，柔性显示屏绝对算是必备新技术。目前，这种显示屏原型产品已经开发出来，它利用石墨烯技术，提供了更加高效且可打印替代的柔性显示屏。也许未来，我们的显示屏真的可以做到完全弯曲，可折叠。

在传统硅基显示器中，柔性显示屏已有所应用，但受限于材料性能，柔性显示屏仍未能大规模使用。石墨烯的出现使得人们看到了柔性显示屏大规模应用的曙光。英国研究人员称，他们用一种基于石墨烯的新材料制成新型柔性显示屏，在柔韧性、亮度等方面比同类产品有所提高。与采用玻璃基板的传统液晶显示屏不同，采用塑料基板的柔性屏借助薄膜封装等技术，让面板可弯曲、不易折断且更轻薄，这为移动设备的设计提供了更多选择。2015年3月，中国重庆的墨希科技有限公司制备了全球首款石墨烯手机。该款手机采用了最新研制的石墨烯触摸屏、电池和导热膜，其核心技术由中国科学院重庆绿色智能技术研究院和中国科学院宁波材料技术与工程研究所开发。据介绍，石墨烯手机具有更好的触控性能、更长的待机时间和更优的导热性能。

石墨烯被发现距今仅13年，却引起了一浪高过一浪的研发热潮，这在材料科学发展历史中比较罕见。虽然科学家和产业界就此充分展开想象力的翅膀，但麻省理工学院《科技评论》的观点认为："实际应用真的来了，但速度很慢。"因此，在石墨烯应用方面的研究还任重而道远。